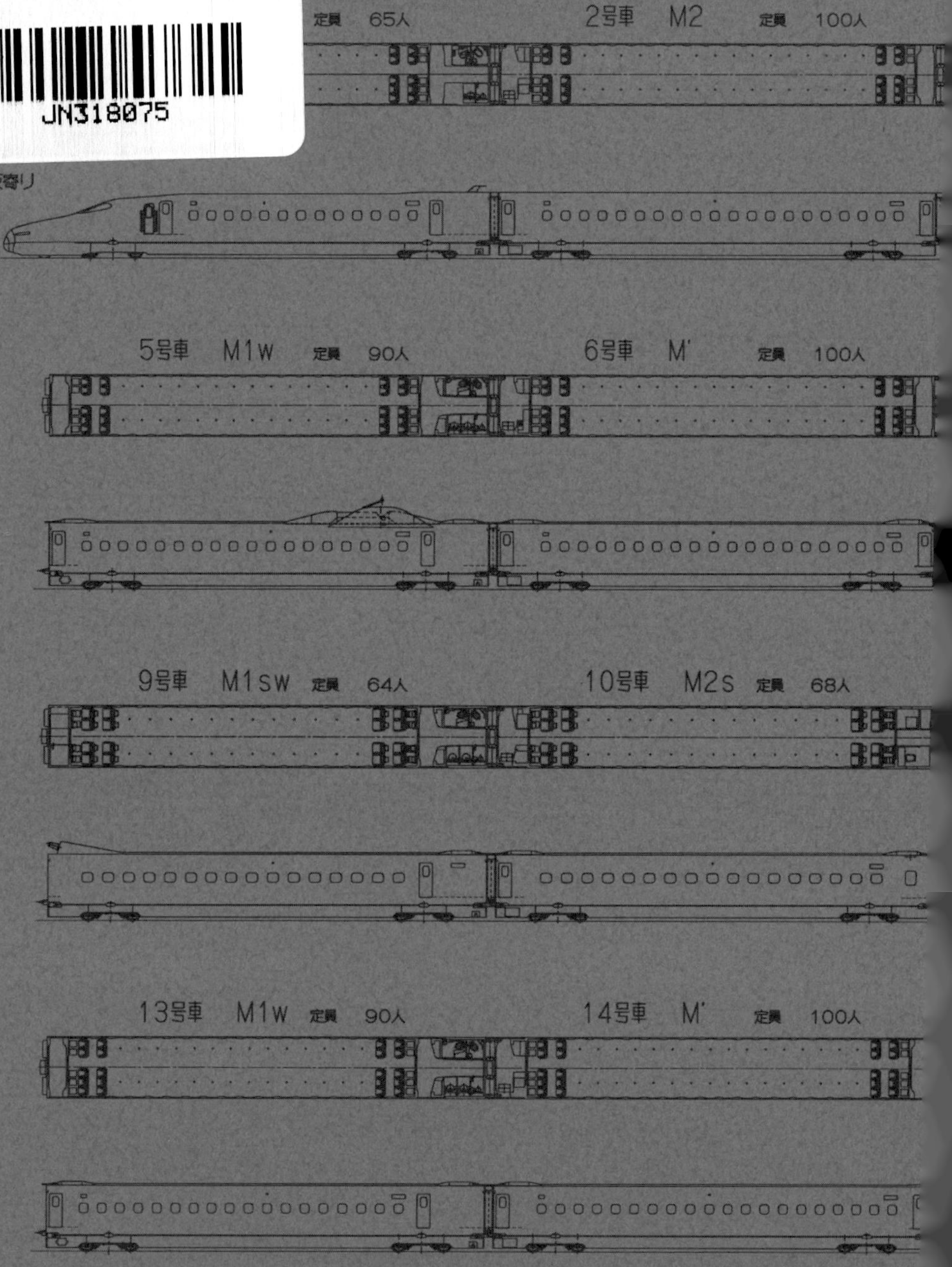
定員 65人
2号車 M2 定員 100人
大阪寄り
5号車 M1w 定員 90人
6号車 M' 定員 100人
9号車 M1sw 定員 64人
10号車 M2s 定員 68人
13号車 M1w 定員 90人
14号車 M' 定員 100人

新幹線N70

最速への挑戦

新幹線N700系開発

読売新聞大阪本社編

東方出版

まえがき

新幹線の客席の肩に付いている乗客が摑まることのできる「取っ手」に、いろんな種類があることにある時、気づいた。よく見かける「輪」になったタイプのもの。「卵形」で上からわしづかみにできるようになっているデザイン。飛び出した部品ではなく、滑り止め用のシートが貼り付けてあるものもある。

その違いが最近、気になって仕方がない。精鋭技術陣を擁するJRのことだから、それぞれ人間工学的な深い意味がきっとあるに違いない。じっさい、急に揺れたときに乗客が摑まってバランスをとるのにも、シートの傾きを調節するのにも、手首の向き、指の掛け方、力の入れ方が違いそうだ。模型をつくって実験を重ねて……。

なんてことを、考え込むようになった。この本のもとになった連載記事のデスクをするようになって、裏に隠れたモノのおもしろさに触れ始めてからだ。

本書に収録したのは、読売新聞の大阪科学面「最速への挑戦―新幹線『N７００系』開発」で二〇〇四年一月七日から〇五年三月十六日まで掲載した、番外編を含む計二十四回。これに、二〇〇〇年に大阪府内版で連載した「新幹線物語」十七回分を加え、出版にあたり一部加筆、修正し、写真資料を追加した。（登場人物の年齢、職業は記事掲載時のままとし、敬称は略した。）

「新幹線物語」は、高度経済成長の時代に〈夢の超特急〉と言われた０系の開発に携わった人々の証言を集め、歴史を掘り起こしている。一方、「最速への挑戦」は、新幹線の最大の長所である「スピード」と「快適さ」を確立するべく進められている開発の大詰めと連載企画が、同時進行するかたちをとった。後者は、新聞連載としてはまれな試みである。

列車の先頭車両は「顔」である。「最速……」には、初代０系から一連の新幹線車両の横顔を比較した図も登場する。どんどん長く、鋭くなってきて、今回の主役、N７００系の造形になると、何だか現代彫刻の域に近づきつつあることがわかる。

この微妙な形状はどうやってデザインされ、製作されたのか。「乗り心地」といった数値化できるとは思えないものの改良にどうやって取り組んだのか。そんな話を詰め込んだ。技術者たちは熱い言葉を吐露したり、淡々としたせりふの行間に情熱をにじませたりする。

この本を手にとってくださった読者は是非、N７００系が営業運転を始めた暁には実際に乗ってみて、最新技術の数々を体感してほしい。これまでになかった微妙な曲面を描く乗務員用扉、シンプルになったパンタグラフ、連結部分全体を覆うホロ。私自身も楽しみにしている。例えば、「カーブでの乗り心地の違いはわかるだろうか……」と。

新幹線の新しい旅が始まること、請け合いである。

◇

二〇〇五年四月二十五日、兵庫県尼崎市のJR福知山線で脱線事故が起きた。このあまりにもいたましい事故で亡くなられた百七人の方々の冥福と、負傷された五百五十五人の方々の一日も早いご快癒をお祈りいたします。

また、鉄道技術者たちのたゆまぬ努力が注がれつづけ、このような惨事が二度と起きることのないことを祈念します。

二〇〇五年九月

読売新聞大阪本社科学部次長　高田史朗

もくじ

▼第三章　高速鉄道の未来　163

I

最速への挑戦

新幹線「N700系」開発

第一章　技術者たちの挑戦

1　「究極の車両」へ技術結集

▼二〇〇七年導入
すべてにワンランクアップ

新幹線が、一九六四年に産声を上げてから二〇〇四年で四十周年を迎えた。

この間、東海道・山陽新幹線は、日本経済を支える大動脈へと成長し、時速二百キロを超える高速鉄道の技術を進化させてきた。団子鼻の先頭車両で親しまれた0系からスタートし、いま700系が走る。

が、技術開発に終わりはない。JR東海、JR西日本は二〇〇七年、〈最速〉の新車両N700系を導入。東海道・山陽区間を十三分間短縮すると同時に、すべての面で700系よりもワンランクアップを目指すという。

究極の鉄道車両へ向けた技術者たちの挑戦を追う。

▼騒音抑制、デッキも

車両の軽量化、空気抵抗の低減、電気の有効利用という三つの要素を融合させながら新幹線はこの四十年間、パワーアップしながら省エネをするという「逆説」を克服してきた。

そして、７００系は０系の二百二十キロ走行より五十キロ速く走っても、消費電力は十パーセント少なくてすむまでになった。Ｎ７００系もこの系譜に連なる。両社は７００系よりも約八トン減量するなどして十パーセントの省エネが可能だという。

もう一つの「逆説」への挑戦もある。環境問題だ。速度アップすれば、パンタグラフ、車両間のすき間など騒音源となる部分に新たな対策が必要になってくる。

車内騒音にも目を配り、携帯電話の利用者のため、車両間のデッキの外側をホロで覆い、座席並みの静かさを確保する。

ただ広い牧草地や畑地を騒音を気にせず突っ走る欧州の高速鉄道とは異なり、多くの制約のなかで走り抜いてきた騒音抑制技術のすべてがＮ７００系に注がれる。

▼航空機の設計思想

新幹線の「顔」である先頭形状の変化は、技術者たちの空気圧との闘いの歴史だ。

新幹線開業時、０系の先端部は約四・五メートルだったが、その後１００系、３００系と速度アップとともに増す空気圧に削られるように徐々にとがっていった。

もっとも長いのは、山陽区間で三百キロを出す５００系の約十五メートル。ジェット機をほうふつさせる、そのデザインは機能美の到達点とも言われる。

しかし、７００系に比べて先頭車の座席数が十二席少ないことなどから「少しでも多くの乗客を」という営業戦略により、Ｎ７００系では７００系のカモノハシに似た形状を継承することになった。

新型新幹線N700系のデザイン

ただ、目に見えない空気はやっかいだ。７００系の最高速度は山陽区間の二百八十五キロ。この形状のまま三百キロでトンネルに突入すると、圧縮波が生じて反対側トンネルの出口付近で爆発したような音の出る「トンネル微気圧波」の悪化が予想される。「十五キロ」の速度アップに加えて、営業上の問題と環境問題の両方を解決しなければならない。

この難問を解くかぎは、地上ではなく、「空」にあった。空力の点では鉄道以上に高速、高圧の問題に直面してきた航空機設計のシミュレーションを新幹線で初めて取り入れ、解析を五千回繰り返してたどり着いたのが、鷺が翼を広げた姿に似た「エアロ・ダブルウイング」。

年　月	日本と欧州の高速鉄道スピード競争
1964・10	東海道新幹線開業　0系が最高速度210 km/hで営業運転
72・ 2	新幹線高速試験電車　相生～新神戸間で286 km/hを記録
75・ 3	山陽新幹線の岡山～博多間が開業　全線開通
79・12	新幹線小山(栃木県など)試験線で319 km/hを記録
81・ 2	仏　ＴＧＶが試験で380 km/hを記録
81・ 9	仏　ＴＧＶ南東線営業運転開始　最高速度260 km/h
85・10	新幹線「100系」営業運転開
86・11	東海道・山陽新幹線　最高速度を220 km/hにアップ
87・ 4	国鉄が分割民営化されＪＲが誕生
88・ 5	独　ＩＣＥが試験で406.9 km/hを記録
89・ 9	仏　ＴＧＶが大西洋線を開業　最高速度300 km/h
89・12	仏　ＴＧＶが試験で482.4 km/hを記録
90・ 2	ＪＲ西日本の「100系」が徳山～新下関間の試験で277.2 km/hを記録
90・ 5	仏　ＴＧＶが試験で515.3 km/hを記録
91・ 2	ＪＲ東海「300系」が米原～京都間の試験で325.7 km/hを記録
91・ 6	独　ＩＣＥ―1が開業　最高速度280 km/h
91・ 9	ＪＲ東日本「400系」が越後湯沢～浦佐間の試験で345 km/hを記録
92・ 3	300系「のぞみ」営業運転開始　最高速度270 km/h
92・ 8	ＪＲ西日本の試験車両「ＷＩＮ350」が新下関～小郡間で350.4 km/hを記録
93・12	ＪＲ東日本の試験車両「ＳＴＡＲ21」が燕三条～新潟間で425 km/hを記録
94・ 5	英仏を結ぶユーロスターが営業運転開始　最高速度300 km/h
96・ 7	ＪＲ東海の試験車両「300Ｘ」が米原～京都間で443.0 km/hを記録
97・ 3	ＪＲ西日本の「500系」営業運転開始　山陽区間で最高速度300 km/h
99・ 3	「700系」営業運転　開始山陽区間で最高速度285 km/h
2002・12	独ＩＣＥ―3が最高速度300 km/hで営業運転

今後、約三年かけて形づくられていく。

▼急カーブ走行、空気バネで調節

車、二輪など、あらゆる乗り物にとってカーブでの減速は技術的な困難を伴う。それが十六両編成で、定員が約千三百人という新幹線ではなおさらだ。

人口過密地域を走る東海道では、曲線半径二千五百メートル（R２５００）と、高速鉄道にとっては急カーブの区間が上下線で各五十か所、総距離約五百十五キロの三分の一に及び、最高速度二百七十キロから二百五十キロへの減速を余儀なくされている。

これらの区間では、減速とともに外側のレールを内側より二十センチ高くする「カント」（傾き）をつけて車体が滑らかに走行できるようにしているが、Ｎ７００系はここを二百七十キロで走る計画だ。

ただ、この速度では乗り心地が悪くなり、「これ以上、傾斜をつけると、止まった場合に転覆する危険性がある」（ＪＲ東海）ため、Ｎ７００系ではカント高をそのままに、車両自体で傾斜を調節する方式を採用することになった。

空気バネに空気を出し入れして傾斜させる方式で、基本技術はＪＲ北海道が在来線で取り入れている。しかし、傾きを感知してからの制御となり、反応が遅れがちで揺れや振動が少なくない。

二百七十キロの場合、秒速七十五メートルで走る新幹線では、カーブ区間に入ると同時に傾斜させる必要があり、車両自体で現在位置をミリ単位で把握できる新ＡＴＣ（自動列車制御装置）を導入する。

これまで新幹線の安全を根底から支えてきたＡＴＣのリニューアルが始まる。

（秦　重信、増田弘治）

2

開発責任者に聞く

革新的な技術は、厳しい制約、条件の下で生まれることが多い。初代新幹線0系を世に送り出した技術者たちへ、国がその最高速度を「二百キロ」と命じた半世紀前、東京―大阪間を走っていた特急つばめの最高速度は、まだ百キロ足らずだった。

N700系の開発を担うJR東海、JR西日本の技術者たちへも両社幹部から注文が飛ぶ。「速度アップしても客室内を自動車並みの静かさに」「ダイヤは過密でも遅れは駄目だ」……。最善の答えを模索する両社の開発責任者に意気込みなどを聞いた。

▼技術を結集、環境にも配慮

田中　守・JR東海車両部担当部長

――新たに研究施設を設けるなど、並々ならぬ意気込みがうかがえるが。

田中　新幹線の歴史は技術開発の成果を絶えることなく取り入れ、ブラッシュアップを図ってきた積み重ねだ。技術は、絶えず時代と共に進歩する。技術を磨き続けるためにも、常に新しい技術開発に挑戦し続けなくてはいけない。合言葉は、「立ち止まることは後退である」。

――JR西日本との「共同開発」の意味は？

田中　東海道・山陽新幹線はつながっているの

だから。両社の持つ技術力を結集し、最速・最良の車両に統一することで、すべての乗客により便利で、快適な車両を提供できる。また、車両運用の効率化と大量生産でコスト削減もできる。

――海外の高速鉄道も、技術水準が上がっている。

田中　鉄道技術者として、高速鉄道が世界で発展していくことは大変喜ばしいこと。台湾では、二〇〇五年から７００系が営業運転を始める予定で、我々の開発した車両が海外でも走ることは正に、技術者としての誇りだ。

――食堂車復活といった可能性はあるか？

田中　新幹線の使命は安全・安定・快適に大量の乗客を運ぶこと。限られた空間で多くの乗客の座席を確保するには、（食堂車などを置かない）今のようなスタイルにならざるを得ない。Ｎ７００系でも、この考え方に変更はない。

――鉄道はどうあるべきと考えているか。

田中　到達時分の短縮は鉄道技術者に与えられ

田中　守（たなか・まもる）　一九八二年の国鉄入社以来、在来線の車両設計に携った。国鉄分割民営化でＪＲ東海に。大阪府摂津市の同社新幹線車両基地「大阪第三車両所」所長などを経て、九九年に新幹線鉄道事業本部車両課長に就任、新幹線の開発に加わった。四五歳。

た使命で、未来永劫《えいごう》追い求める課題だ。ただ、求められるのは速さだけではない。さらなる静かさ、乗り心地の良さを実現するのも大切。地球環境、沿線環境への配慮も技術者の責務だろう。これらすべてに配慮した優れた車両開発が、今回の目的だ。

（聞き手　増田弘治）

▼トータルで優れた車両に

吉江則彦・ＪＲ西日本車両部マネジャー

――十数年間、新幹線車両の設計を担当しているが、開発へのこだわりは。

吉江　高速車両は、技術的に最先端のものを目指す必要はある。ただ、乗り心地を良くしようとすれば車体を重くすればいいが、それだと速度が出にくくなる、といった技術上、相反することはいくらでもあり、その中で何を優先し、乗客に喜ばれる車両として仕上げるかが大事だ。

――ＪＲ西日本は世界最速の三百キロで走る５００系を開発した。この経験をＮ７００系へどう継承していくのか。

吉江　５００系の車体は、７００系に比べてやや割高。これは５００系の開発時より技術が進んだことや、７００系の最高速度が二百八十五キロで、５００系ほどの速度を求められなかったためだ。Ｎ７００系の車体も５００系よりやや割安にしながら、三百キロ出すことを求められており、二つの要求をうまく融合させたい。

――三百キロを実現した台車を導入するのか？

吉江　東海と西日本の台車は車軸の支え方が異なり、Ｎ７００系についても、西は５００系の台車を基本に加速性能を上げるなど改良を加えたものにする。

――Ｎ７００系で技術者として見てもらいたいところは。

吉江　速度が上がっても、乗り心地は悪くしたくない。速度だけでなく、省エネなどトータルで優れた車両にしたい。

――N７００系導入後の車両のラインアップに変化は？

吉江　０系、１００系に取って代わり、山陽区間も二百七十キロ以上の高速輸送体系が確立されていくと思う。

――さらなるスピードアップは考えているか。

吉江　十六両で東海道区間に乗り入れると、今のところ三百キロが限界かな。三百二十―三百五十キロになると、山陽だけの車両になる。そこに営業ニーズがどの程度あるのか。ただ、技術者としては挑戦したいと思っている。

（聞き手　秦　重信）

吉江則彦（よしえ・のりひこ）　一九七九年国鉄に入社し、車両設計事務所で１００系の電気回路設計などを担当。八七年のＪＲ西日本発足後は、同社博多総合車両所電車第二センター長として新幹線車両の全般検査を担当するなど、八九年以降は新幹線車両の設計にかかわっている。四八歳。

3 〃最適の顔〃作り出せ

▼微気圧波低減へ検証五千回

二〇〇三年六月、JR東海とJR西日本が共同発表したN700系の車両仕様書。「十・七メートル」と記された先頭形状の長さは、カモノハシに似た700系より一・五メートル長く、運転窓の両側付近が少し膨らんだイメージ図に大きな変化はないように思われた。

しかし、このデザインには従来の高速鉄道技術にない、新たな知見が隠されていた。「遺伝的アルゴリズム」(GA)。航空機の主翼などを設計する際に用いられる、生物の進化過程を模した計算手法だ。

▼客席数維持、どうすれば

N700系に幻の設計図案がある。700系をベースに考案された先頭形状で、長さは「十三メートル」。最終的な実際の設計値より二・三メートルも長かった。

「最高速度三百キロで走りながら、二百八十五キロの700系よりもトンネル通過時の騒音『トンネル微気圧波』を低減させる」という両社上層部から課せられた二つの要求を満たすには、先頭形状を長くし、断面積の変化を滑らかにする必要があった。

これまでの車両設計の経験から割り出された十

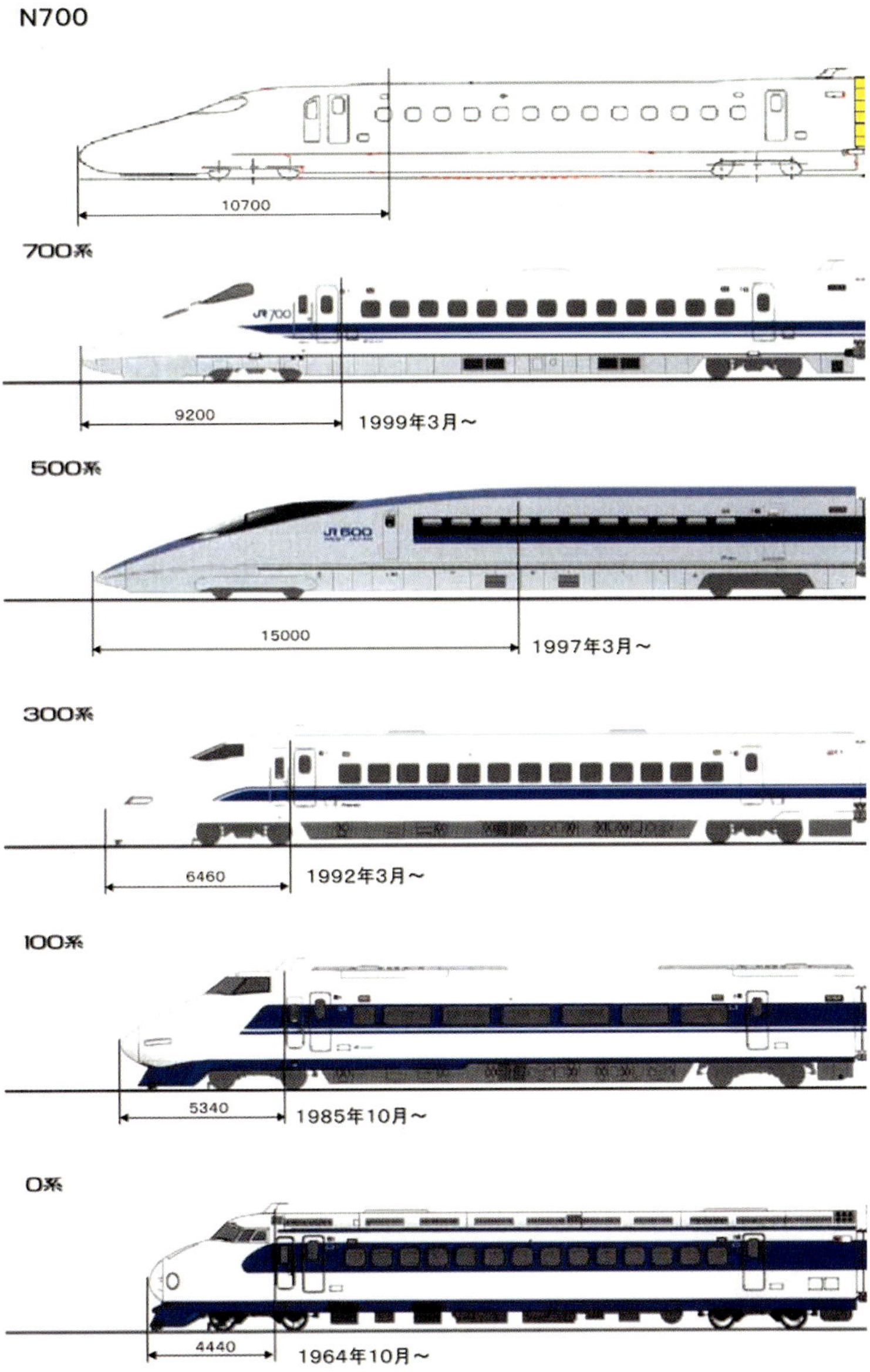

東海道・山陽新幹線の先頭形状の変遷(単位はメートル)(ＪＲ西日本提供)

三メートルは、妥当な数字と思われた。ところが、答えは「ノー」。「十三メートルでは、先頭寄りのドアがなくなるうえ乗客数が減る。700系と同じ客席スペースを維持せよ」という営業面からの判断だ。

「これまでの考え方では駄目だ」。JR東海の開発責任者、田中守・車両部担当部長（四五）は新たな開発手法を迫られた。

田中が思い浮かべたのは、車両メーカーとして長いつき合いのある川崎重工業の航空宇宙カンパニー（岐阜県各務原市）。戦闘機や航空機など、空力騒音との闘いでは多くの経験があった。

▼先頭形状に新たな知見

共同研究は二〇〇〇年四月にスタートした。JR東海から技術開発部空力騒音グループの成瀬功研究員（三五）ら五人が参加、コンピューターシミュレーションを使って〈最適の顔〉を探す日々が続いた。

翌年八月、大きな成果が出た。微気圧波に影響を与えると思われていた先端部や運転窓付近の形が、実は余り影響しないことが分かった。「これで何とかなる」。成瀬は、暗闇に一筋の光明が見えた気がしたという。

この知見をもとに「GA」によるシミュレーションが本格化していった。九・二メートルから十メートル、十・五メートル、十一メートル以上……。長さや形が微妙に異なる先頭形状を五十パターン作り、微気圧波を最も低減させる断面積分布をつかむために、一パターンあたり百回、計五千回コンピューターで検証を重ねた。先頭形状を示す右肩上がりの実線はコンピューターのモニタ上に幾重にも描かれた。

GAでは、解析の途中でわざと突然変異を起こさせ、不適なものが淘汰《とうた》されるようにする。それが何度も重ねられ、過酷な条件にも耐えられる「顔」が絞り込まれていった。だが、一つに絞り切ることはできなかった。甲乙つけがたい数パターンの模型を作ることになった。

▼翼を広げたワシのよう

　模型は実物大の六十一分の一。二〇〇二年夏から、東京都国分寺市の鉄道総合技術研究所にある、三百キロでトンネルに突入した場合と同じデータが取れるシミュレーション装置で試験を繰り返した。一年後に７００系よりも微気圧波が悪化しないことが確認できたのが、長さが十・七メートル、ワシが翼を広げたような姿に似た先頭形状「エアロ・ダブルウイング」だった。

　田中が振り返る。「（微気圧波対策は）初めは自信がなかった。しかし、厳しい注文が、新たな知見へと目を向けさせ、克服することができた。高速鉄道にとって大きな技術的財産になった」

　今後は、二〇〇五年三月に予定している試作車の完成が一つの目標となるが、その前に空気圧に対する耐久性などをチェックするため、先頭車両と中間車両を一台ずつ製造する。「その車両が壊れるくらいの徹底的な試験をする」という。

　一日五十万人以上が利用する東海道・山陽新幹線に妥協は許されない。

（秦　重信）

4 相反するスピードと乗り心地

▼「高級乗用車並み」追求

旧国鉄が編纂《へんさん》した「新幹線十年史」は、「（新幹線は）将来二百五十キロ運転が可能であるということで、曲線半径は二千五百メートル（R２５００）とされた」と記す。

東京―新大阪間に五十か所あり、一見すれば直線にも見えるほど緩やかなR２５００は、高速鉄道にとっては急カーブだ。N７００系で「高級乗用車並み」の乗り心地を求めるとなると、やっかいな存在になる。

鉄道技術の先人たちも、東海道の〝難所〟を新幹線が二百七十キロで走ろうとし、後輩たちが頭を抱えることになろうとは思わなかっただろう。

▼曲線との闘い

仮に、新幹線がレールの傾き（カント）や車体傾斜を採用せず、二百七十キロでR２５００を通過したとする。乗客は、自動車が交差点を十―二十キロ程度で曲がる程度の揺れしか感じないはずだという。

しかし、乗り心地を極限まで高めようとしている現在の新幹線では、この程度の感覚でも、「乗り心地が悪くなった」と酷評されかねない。

日本で初めて車体傾斜技術を採用し、信濃路を縫うように走った特急「しなの」（大阪―長野）。

「R 2500」の曲線を通過する新幹線 700 系車両（静岡県沼津市で。ＪＲ東海提供）

名前を聞いただけで、乗り物酔いを思い起こす人もいるかもしれない。

一九七〇年代初め、カーブで振り子のように車体が傾いて、遠心力で安定させて速度が上がるよう国鉄が開発した。確かに速くなったが、乗り心地の良しあしはほとんど無視された。

▼車体傾斜生かす

特急「しなの」の高速化を助けた車体傾斜技術は、Ｎ７００系では乗り心地向上のために生かされることになった。

台車に取り付けたエアバッグを膨らませたりしぼませたりすることで、車体を左右に傾ける「空気バネ」方式が選ばれ、一九九九年から試験が始まっていた。

「Ｒ２５００で求められる車体傾斜角度は、空気バネが対応する１―２度程度の範囲で十分。新幹線に装備するとなると『故障に強いこと』が大前提で、構造が単純な空気バネは最適の技術です」

試験車両「３００X」、営業用の３００系車両に空気バネを装着して行った試験に参加した、JR東海の若き技術者、坂上啓（三九）は話す。

傾斜二度から始めた試験では、最適な傾斜角度の割り出しに加え、線路や架線に傷をつけないかにも気を配った。

「架線を切ったらクビだね」。坂上はメーカーの担当者と笑った。切らなかったが、内心、切れるかもと思っていた。

結局、わずか一度、高さにして六十ミリの傾斜で十分と判断した。

ただ、トンネル側壁などへの接触を防ぐため定められた車両の大きさの限界値の関係で、現役車両に比べ、車体幅を二十ミリ削った。

▼ATCがカギ

空気バネ式の車体傾斜技術は、JR北海道の特急列車に採用済みだ。札幌―名寄間（二百十三キロ）の走行時間を三十九分短縮した。しかし、カーブにさしかかった車体に起きた傾きを感知してからの制御になり、反応が遅れがちになる。

JR東海のN７００系の開発責任者田中守（四五）は、参考にと試乗した。「このままでは新幹線には無理だ」と思った。

採用のカギは、列車間の距離調整や信号システムに使うATC（自動列車制御装置）の応用にあった。しかも、全く新しいかたちのATCを用意した。

従来のシステムでは、信号の位置や指令所の表示板で、列車の走行区間をおおまかに把握していた。新方式では列車が常に、自分自身で走行地点を把握するようになる。

しかも精度はミリ単位。実際には十センチ刻みで走行位置をつかみ、カーブに入る手前からすでに車体の傾斜を空気バネに指示する。毎秒七十五メートルの速度で走りながら、先頭車両から最後尾まで順番に位置情報を伝え、正確に傾斜を連続させていく仕組みもとる。

乗客は、曲線を通過していることをほとんど感じないという。効果は、五年間かけた試験で証明済みだ。

（増田弘治）

5
環境、省エネ技術駆使

▼環境問題がネックに

フランスの高速鉄道「ＴＧＶ」で、スイスからパリまで旅行したことがある。車窓から広がるのはのどかな田園風景。ごつごつした重量級の列車が、地平線まで望める広野を突っ走る。騒音や振動の問題に束縛されることも、あまりないという。

沿線に人家がほとんどとぎれることなく続く日本との、決定的な違いはここにある。

「（欧州が）うらやましい……」。日本の鉄道技術者たちはため息交じりに言う。「環境問題さえなければ、三百五十キロでも今すぐ実現できるのに」と。

「より速く」の陰には、「より軽く、滑らかな車体を」を追求する苦労が隠されている。

▼グラム単位、軽量化図る

真っ先に必要なのは、車体を軽くすることだ。

ＪＲ西日本からＮ７００系開発に参加、内装や外装の部品を担当している永野克幸（四四）は、「車体の減量に、先輩たちが注いだ努力は大変なものだった。それだけに、私たちに求められるレベルが逆に上がっているんですよ」と打ち明ける。

「先輩」とは、三百キロ走行を実現した５００系車両を生み出した技術者たちのことだ。

その一人で現在、台湾新幹線を開発する「台湾

N700系の連結部に装着される全周ホロ（試験走行用。ＪＲ東海提供）

高速鉄道本部」車両部統括部長の岩本謙吾（五六）は「車体はアルミ、台車もモーターも小型化、座席も軽くした。あらゆるところで絞った」と語っている。

５００系の編成重量（十六両の重さ）は七百トン。０系より二百八十八トンも軽く、軽量化で「新世代を開いた」とされる３００系からも、十八トン減らした。

軽量化は５００系で頂点に達し、「これ以上、何ができるのか」とも言われてきた。

Ｎ７００系の編成重量は５００系と同程度を目指すが、ハイテクの追加で、搭載機器の数は増える。さあ、どこを削るのか。

「思いつく限り、手当たり次第ですよ」と永野は笑う。

電線一本、座席の布地一枚……。グラム単位の、過酷な〝減量作戦〞が続いている。

▼「全周ホロ」で騒音減少

５００系では、一本柱、架線に接する部分が飛行機の翼の形状に似たパンタグラフや、十五メートルと型破りに長い先頭形状、ウナギの胴体のように滑らかな車体で、走行時の「風切り音」をほぼ限界まで減らした。先頭形状は別として、７００系も５００系の思想を継いでいる。ＪＲ東海の成瀬功（三五）は、「その結果、問題ではなかった車両の連結部からの騒音が目立つようになったんです」と話す。

この問題は、現役車両ではすき間がある連結部分の側面から屋根部分までをふさぐことで解消する。風雨や曲げなど、過酷な環境に耐える素材選びに苦労したが、成瀬は「理想的な結果が得られた」と胸を張る。

「全周ホロ」と呼ばれるこの新技術では、出入り口ドアのあるデッキ部分を、客室なみの静かさにするという効果も狙う。

デッキで起きる騒音の最大の原因は、連結部のすき間から風や音が入り込むこと。さらに、床下機器の振動が車体を揺らすことでも増幅されるので、全周ホロに加え、ドアや壁面の材質・構造の改良の必要がある。

山陽新幹線の騒音と低減対策の変遷

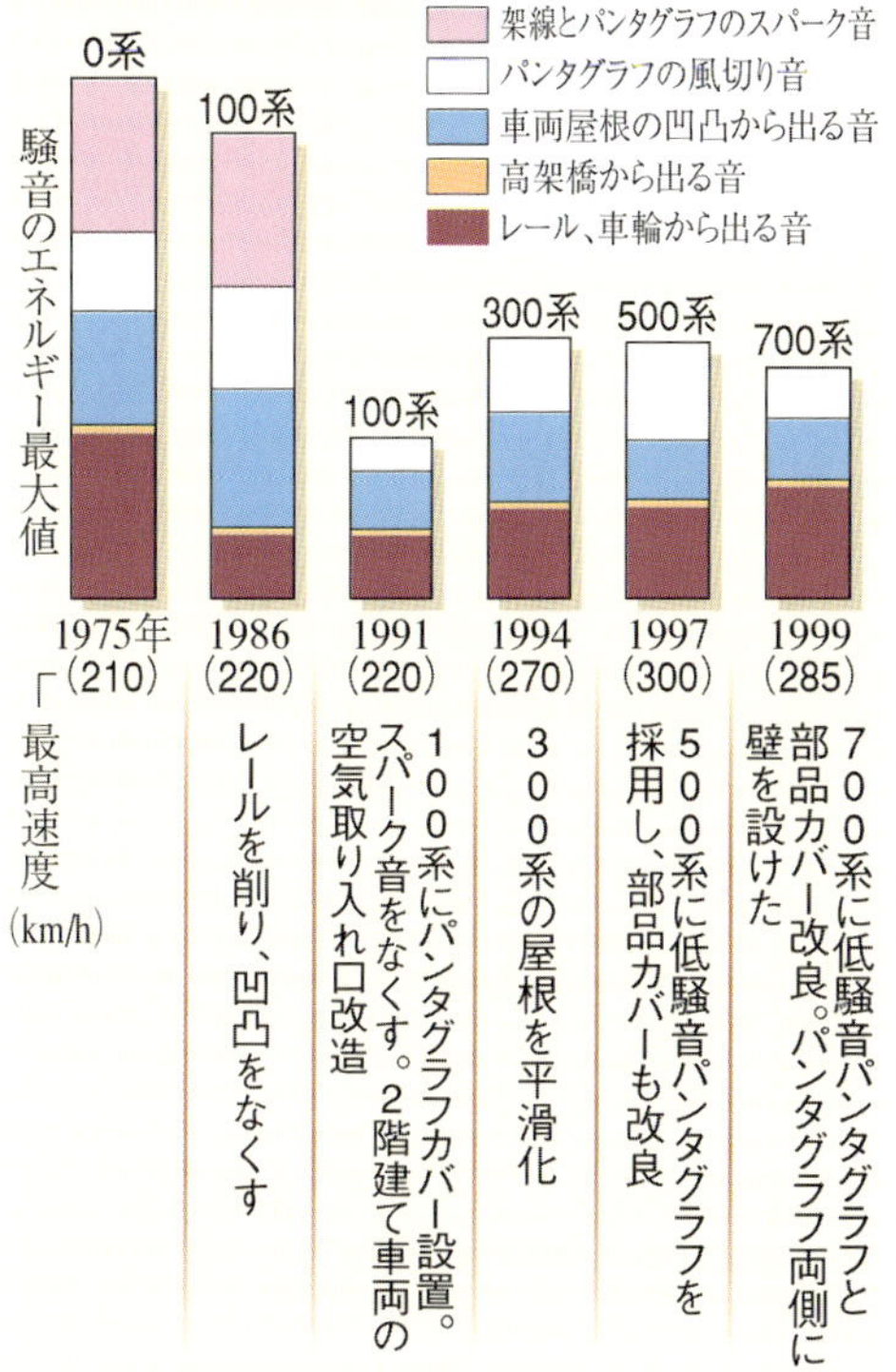

鉄道総合技術研究所・環境工学研究部の原図を基に作成

山陽新幹線歴代車両の消費電力量（0系を100とした試算）

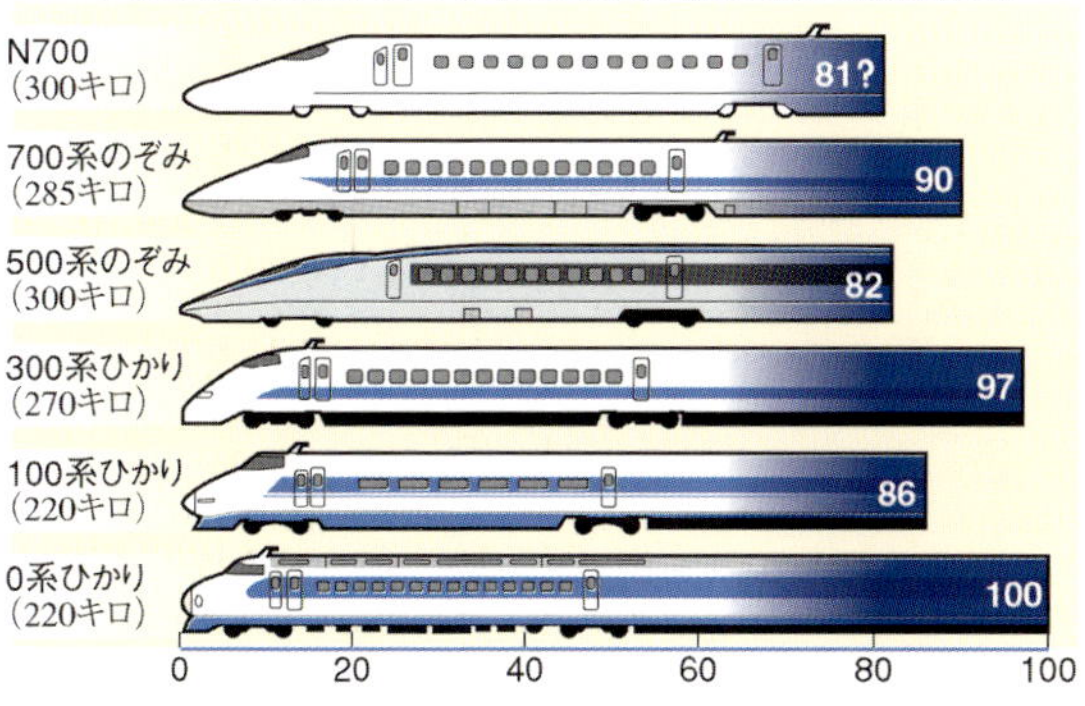

ＪＲ西日本車両部担当マネジャー田尻義広（四八）は、「車内でも『携帯電話はデッキで』とお願いしているのに、電話もできない騒音を放置するのではお話にならないですよ」と話す。

いわば、乗客からの苦情を先取りした配慮なのだという。

▼電力を再生、経費も安く

新幹線が消費する電力はこの四十年間、確実に減っている。山陽新幹線での試算では、二百二十キロで走る0系の消費電力係数を100とすると、三百キロの500系で82、二百八十五キロの700系では90になるという。

省エネの思想は、300系で始まった「回生ブレーキ」の投入で、拍車がかかった。

ブレーキをかけて減速する際に動力源のモーターを発電機として使い、発生する電力をパンタグラフから架線に戻し、前後を走る列車が使う仕組み。理論上、駅の電力源にも使える。

700系の一編成の回生ブレーキ搭載の車両は十二両だったが、N700系では全十六両に増やす。先頭形状、全周ホロなどで空気抵抗が減り、車体傾斜と新ATC（自動列車制御装置）の採用で曲線の加減速がなくなる。これらにより、700系より加速力を一・三倍に増しつつ十パーセントの電力消費削減を見込む。

JR西日本の試算では、新大阪―博多間の片道を700系が走ると、三十万円程度の電気代がかかるという。

「十パーセント削減を、電気代で計算すれば……」

ある技術者は、「旧国鉄長期債務返済に悩む者ならではの発想ですかね」と笑った。

（増田弘治）

第二章　こだわりの技術

1　モックアップ完成

▼実物大模型が完成

愛知県豊橋市のＪＲ豊橋駅から車に揺られて約三十分。二〇〇四年五月下旬、新幹線車両をこれまで二千台以上生み出している「日本車両豊川製作所」を訪ねると、ＪＲ東海、ＪＲ西日本が開発を進めるＮ７００系のモックアップ（実物大模型）が姿を現した。

長さ二十五メートル。いすや照明の度合いなど主に客室の内装を決めていくためで、国内でこれほど大がかりな鉄道車両のモックアップが作られたのは初めてだ。

▼予想図と一致するまで

甲子園球場約八個分という広大な敷地の一角「メモリアル車両広場」に展示されている初代新

幹線0系車両のすぐ隣に置かれたモックアップ。
700系からどこが進歩しているのか。アルミ合金の構体も、連結部を覆う全周ホロも〈N700系仕様〉だ。行き先表示器には、話題の大型LED（発光ダイオード）が配され、文字が見やすくなっている。

客室内へ入った。車両一台の半分をグリーン車に、もう半分を普通車にしつらえてあり、グリーン車のいすに身を沈めた。背もたれを寝かせるようにリクライニングのスイッチを操作すると体の重みだけで後方へ下がり、同時に座面も少しだけ上がった。比較用に据えられた従来のいすに座ると、体を寝かせるために腹筋、背筋の力が必要で、座り心地は格段に良くなっている。

ただ、背もたれを上げる時、背中の左側が先に押し上げられる違和感が残る。内装を担当するJR東海の鳥居昭彦・車両課長代理（四三）は「新しいいすが実現できるかどうかは、これからの研究にかかっている。今のままでは提供できない」という。

N700系では700系より十パーセント程度の省エネを目指すが、乗客用の窓にその工夫があった。

省エネ実現には車体重量で八トンの減量が必要で、N700系は構体の無駄な厚みを削るが、剛性を保つためグリーン車の窓で幅二十センチ、高さ七センチ狭め、普通車の窓も面積を約四割減らし、飛行機の小さな窓に近くなっている。

700系までのモックアップは木造バラックにグリーン、普通車それぞれいす二、三脚程度だったが、完成予想図と実際の車両を作った時のイメージが合わない時があった。

しかし、同社の田中守・車両部担当部長（四五）は「N700系は『究極の新幹線』。モックアップと予想図が一致するまで幾度となく改良し、作り込んだ」といい、「いすなどまだ修正点はあ

ＪＲ東海が開発した「車両運動総合シミュレーター」。国内外の高速鉄道を中心に様々な乗り心地を試すことができる

N 700 系新幹線のモックアップ。行き先表示器がカラフルになる

モックアップの普通車席。窓が 700 系より小さくなっている

るが、計画はイメージ通りにきている」と胸を張った。

▼百種以上の走行を再現

モックアップとともにN700系開発に欠かせない模擬装置がある。

JR東海が二年前の夏、愛知県小牧市に完成させた研究開発施設内にある「車両運動総合シミュレーター」。

700系の普通車を模した客室に二人掛け、三人掛けのいすがそれぞれ三列あり、わずか二十八メートルの移動だけで、国内外の高速鉄道など約百パターンの走行が体感できる。原理はこうだ。走行している車両の床面の振動データを採取し、前後、左右、上下など六方向からの振動などで車内にいるように感じさせる。

700系の走行パターンで〝乗車〟してみた。京都駅を出て、途中、曲線半径二千五百メートル（R2500）のきついカーブを現在の運行速度二百五十キロとN700系で想定する二百七十キロで走った。

乗車した時の感覚そのままで、二百七十キロではこれまで経験したことのない遠心力を感じた。

約二十年間、新幹線の高速化計画に携わってきた技術開発部環境・高速化チームの石川栄チームマネジャー（五一）は「世界でここにしかない装置。N700系の走行パターンもあり、乗り心地の向上に役立てたい」と話した。

◎

N700系の開発計画が形となって現れ始めた。二〇〇五年春の試作車導入へ向け、一つ一つの技術が磨かれていく。最速を支えていく「こだわりの技術」を見る。

（秦　重信、増田弘治）

2 乗り心地良さ、徹底追求

▼二十年ぶり、いすにバネ 複合構造で体にフィット

最高速度三百キロの実現とともに、Ｎ７００系開発で重視される「乗り心地の向上」。ＪＲ東海、ＪＲ西日本は、乗り心地の評価を最終的に左右する乗客席の改良を目指している。その切り札が、国鉄時代に開発された１００系以来、ほぼ二十年ぶりの復活となる「バネ」だ。

座り心地の良さで名高いのはドイツの高速列車「ＩＣＥ３」。そのファーストクラスに試乗したことがある。革張りの座席は体を包み込むようで、くつろげた。

Ｎ７００系は十六両編成でグリーン車二百席、普通車千百二十三席。内装を担当するＪＲ東海の鳥居昭彦・車両課長代理（四三）は自信を見せる。

「負けないものを作りますよ」

▼人間工学の手法導入

オフィス用のいす、国内外の乗用車の運転席、飛行機の座席……。鳥居は、こうしたいすに何度腰を掛けたか分からない。自動車の解体工場からドイツの高級車ベンツの運転席のいすを譲ってもらい、構造を徹底的に調べたこともあった。

「鉄道の枠を超えて、あらゆるいすで最高の座り心地」を目指し、三年間にわたる試行錯誤の末、たどり着いたのが「複合バネ」だった。

モックアップ内のグリーン車。いすに読書灯が設けられるが、リクライニングに改良の余地が残る

バネでは、０系で弾力感のあるコイルバネ、１００系では横揺れに安定感のある波形のＳバネを使ったことがある。だが、３００系以降はスピードアップに伴う車体軽量化のため、ウレタンだけを幾層にも敷く方式になっていた。

今回、他の分野のいすの研究をきっかけにコイル、Ｓの特長を併せ持った「ねじれバネ」を見いだした。これに樹脂製バネを加え、その上にウレタンを敷くことにした。ウレタンだけに比べ奥行き感があり、座った瞬間は軟らかく、最後はぐっと硬くなる。

二〇〇四年五月末に完成したＮ７００系モックアップ（実物大模型）内に並んだグリーン車いす八席と普通車いす十五席。統計的に小さい方から数えて九十パーセント目の身長、体重の「九十パーセンタイル」に相当する模型（身長百七十七センチ、体重七十八・六キロ）を使い、いすへの体圧分布を調べる人間工学の手法も取り入れた。

その結果、グリーン車では鉄道車両として初めて、背もたれと座面が同時に動く「シンクロリクライニング」を導入した。座ってみると、複合バネの効果か座面は体重をいったん受け止め、それからぴったりフィットする。「相撲取りから幼児まで」。鉄道には、いろいろな体形、体格の人が利用する。複合構造のバネなら体重の軽重にかかわらず対応できるという。

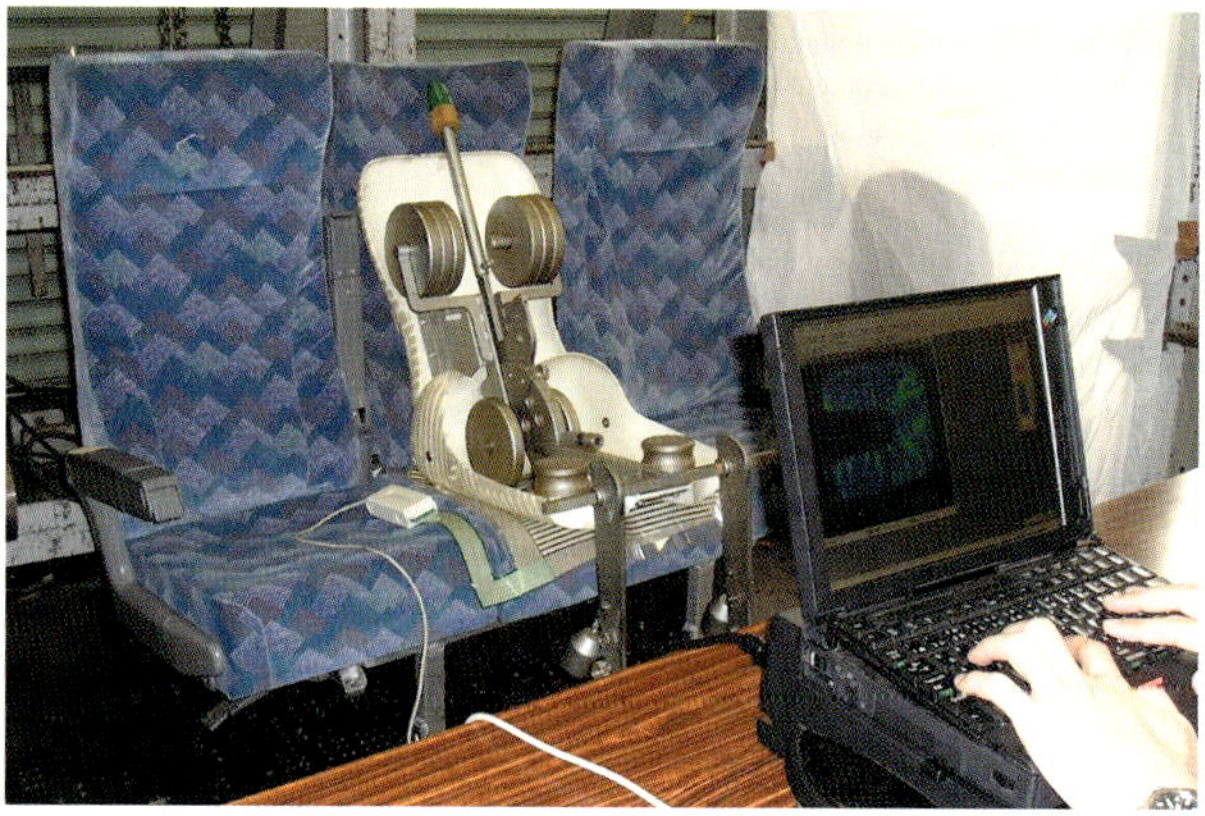
「90 パーセンタイル」の模型で、普通車席に加わる圧力分布をチェックする

モックアップの内装をチェックするＪＲ東海の鳥居車両課長代理
照明の重さもグラム単位で管理する

ただ、「スピードアップしながら省エネ」という二律背反を、車体重量を削ることで実現してきた新幹線にとって、一編成で千三百席以上もあるいすは常に減量のターゲットにされてきた。

７００系の重量は七百八トン。０系より最高速度が七十五キロも速くなる一方、二百六十四トンもスリムになった。さらにＮ７００系では７００系より加速力を一・三倍にアップし、十パーセントの省エネを目指す。さらなる減量が必要だ。

▼普通車重量一トン減目標

台車やいす、蛍光灯などの照明器具……。７００系とＮ７００系の車体を形作る部品が、ボルト、ねじまで大小一つ残らず書き出された表が、鳥居のパソコンに保存されている。項目は軽く千を超え、それぞれの重さが記されている。Ｎ７００系の重量は、７００系より八トン軽い七百トンが目標だ。

７００系の普通車いす一列（五席）で六十キロ、グリーン車いす一列（四席）で百十六キロ。Ｎ７００系では、読書灯、複合バネなどでグリーン車は現状維持が精いっぱい。鳥居は普通車で一列あたり五キロ絞り、合計一トン以上削ることを考えている。しかし、普通車も三列席の真ん中以外の座席幅を十ミリ広げる計画だ。

どこを削るのか。パソコンに列挙された部品に目を光らせる日々が続く鳥居は、「今は家計簿で言えば赤字。いす以外で減らし、そのプラス分をいすの重量に充てることができたらいいのですが……」。

来春に完成する試作車へ向け、黒字化への挑戦は続く。

（秦　重信）

3 剛と柔への台車改良続く

▼横揺れ吸収、ベターからベストへ

専門領域が多い鉄道技術のなかでも、「走り装置」と呼ばれる台車は特殊性が高い。とりわけ、時速三百キロで走る新幹線台車には特別な装置、工夫が施されている。

一車両約三十トンの荷重を二台で支える〈剛性〉。走行中、レールから伝わる細かな振動や風圧による横揺れを極力、乗客へ伝えないようにする〈柔軟性〉。これらを両立しなければならない。

二〇〇四年秋に開業から四十年を迎えた新幹線の技術は成熟の域に達したが、ＪＲ東海、ＪＲ西日本の技術者はこう口をそろえる。「台車は難しい」

▼「蛇行動」抑制永遠の課題

「蛇行動。この征伐には心血を注いだ」

初代新幹線0系の台車を世に送り出した元国鉄鉄道技術研究所長の松平精《ただし》が生前、台車開発で最も困難な技術的ポイントの一つに挙げた異常振動だ。

一九六四年の東海道新幹線開業前。二百キロを超える高速走行中に車輪が左右に大きく振れ、列車が蛇のようにくねったことから名付けられた。

当時は、空気バネや車体を支えるまくらばり（ボルスター）と台車との間にスリ板を設けるこ

とで振動を吸収したが、スピードアップするたびに、台車の構造的課題として浮かび上がってくる。

　理由はカーブの走行にある。一般的な自動車では後輪の駆動軸のデファレンシャル・ギア（差動歯車）で左右の車輪の回転数に差をつけて通過するが、鉄道車両は左右の車輪の、レールに接している部分の直径差で回転の差を吸収する。つまり、線路と接する車輪の踏面《とうめん》に勾配《こうばい》（図参照）をつけ、カーブで内側車輪は直径が小さいところを、外側車輪は直径が大きなところを、それぞれ線路と触れさせ滑らかに通過させている。

　しかし、このこう配が直線走行では〈くせ者〉になる。JR東海で一九八九年の入社以来、ほぼ一貫して台車を研究してきた臼井俊一・車両課長代理（四〇）は「レールのちょっとした凹凸などで車輪が左右に振れる。しかし、直線走行に台車をセッティングすると、カーブが曲がりにくくなる。ベストの調節の見極めが難しい」。高速鉄道の永遠のテーマと言える。

車輪とレールの位置関係

臼井俊一・車両課長代理

▼継承した技術にさらなる工夫

台車の構造は一九九二年に登場した３００系から大きく変わった。

１００系から３００系へは速度が一気に五十キロアップしたことで、車体も台車も大幅に軽量化して騒音問題に対処する必要があったからだ。

最大のポイントは「まくらばりのないボルスタレス台車の開発」（臼井課長代理）。それによって、台車の上に空気バネを介して車体が載ったシンプルな構造になった。台車一つにつき約一トン、一車両当たり約二トンの軽量化を実現した。Ｎ７００系の台車もこの流れを受け継ぐことになる。

３００系の台車開発が佳境にさしかかったころに入社した臼井は「１００系までの技術では、カーブの際、バネの上の部品と下の部品で十センチもずれが出た」といい、そうしたズレを吸収できる空気バネの進歩がボルスターレス実現につながったと振り返る。

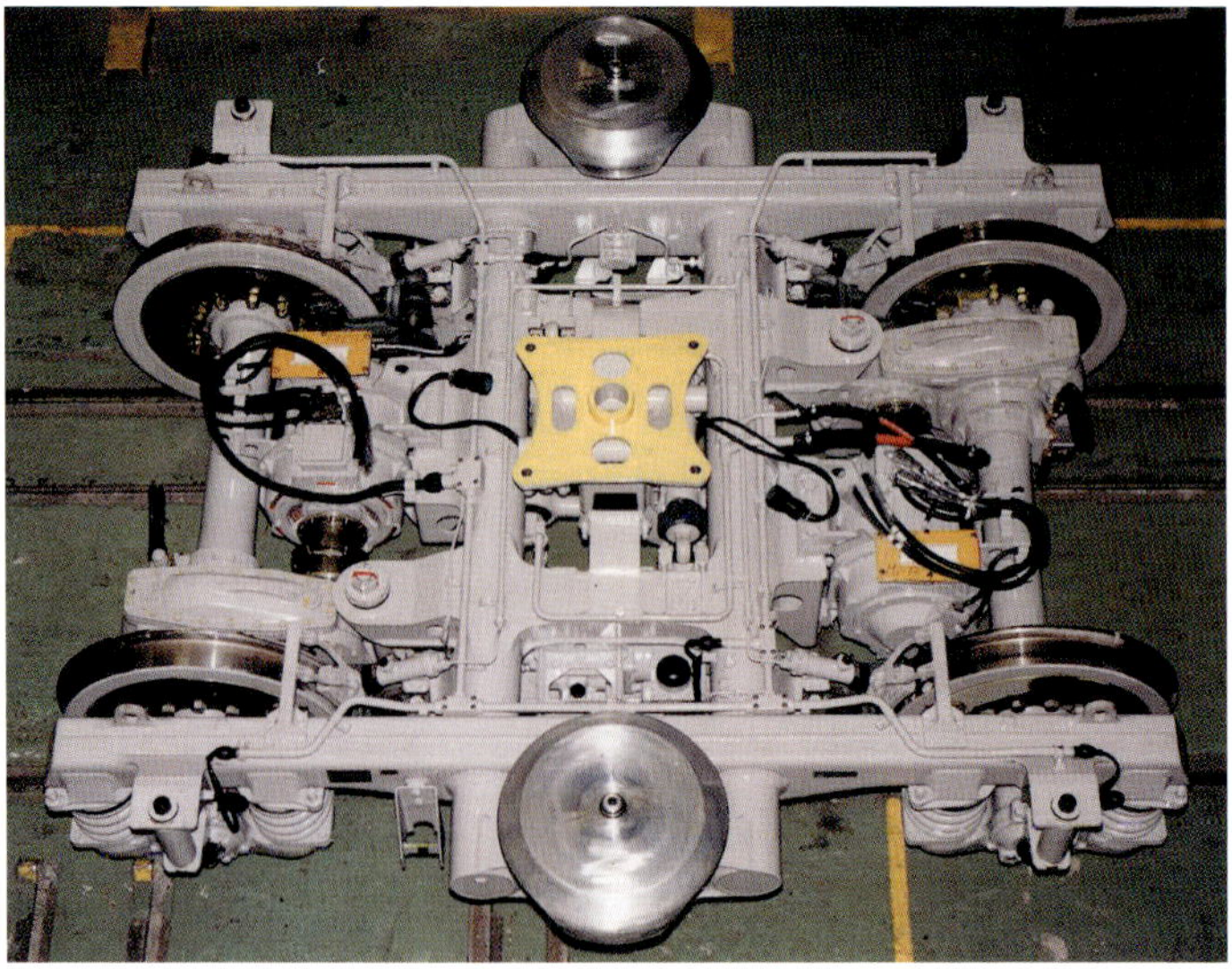

700系のボルスターレス台車

ただ、乗り心地の面では不十分だった。700系では台車中央部にコンピューターを使った制御装置「セミアクティブダンパー」を設置し、十六両中七両に導入した。トンネル突入時などの風圧による横揺れを、揺れた分だけ吸収する装置で、飛躍的に乗り心地を向上させた。

N700系は、さらにこの〝セミアク〟を改良。それぞれの揺れに対してある幅のなかで対応してきた700系に対し、無段階で対応する方式にした。「700系がベターなら、N700系はベスト」(臼井)。十六両すべてに備えられる。

曲線半径二千五百メートル(R2500)の区間を二十キロアップし二百七十キロで走るのに必要な車体傾斜の制御も、臼井ら台車担当の仕事だ。松平から始まった新幹線台車の技術は、臼井らへ継承され、「最速」の実現へ向かっている。

(秦 重信)

4

〝最後の車両〟目指して——葛西敬之・JR東海会長に聞く

葛西敬之（かさい・よしゆき）　東海道新幹線開業の前年、一九六三年に国鉄に入社した。国鉄時代は、JR西日本の井手正敬相談役らとともに「国鉄改革」に力を尽くした。JR東海では九年間社長を務め、二〇〇四年六月二十三日の株主総会で会長に就任した。六三歳。

▼省エネ静粛志向へ　世界のスピード勝負、必要ない

「『最後の新幹線車両』と言えるよう頑張る」……。一九九九年に700系が登場して以来の新車両開発に意欲を見せる。国鉄入社以来のキャリアは、新幹線の歴史と重なり、最高責任者となった今、技術者を常に刺激し続けることが大事だと説く。開発のポイント、世界の高速鉄道との比較、新幹線の未来などに持論を展開した。

開発の意味

——速度アップなどの要求を技術者へ出す際、注意している点は。

技術は前進し続けないといけない。一回立ち止まると力が落ちる。３００系、７００系の開発は私の指示だが、Ｎ７００系は技術者側からの提案で、いわばボトムアップ型。鉄道会社には二種類あり、ＪＲ東日本は圧倒的に首都圏の都市圏内旅客輸送で、西日本もその傾向が強い。そういう会社は関連事業にウエートをかけ、間口を広げようとする。それに対し東海は、東京、大阪の都市圏の間を結ぶ旅客輸送という全く違ったタイプで、「技術重視」を意味する。Ｎ７００系開発でカーブの速度アップなどに伴い架線、線路、電力供給、地震検知など、総合的に技術者を動機付けできる意味では非常に大きい。

――新幹線の歴史のなかで完成型になるのか。

一つの到達点と言えるだろう。そこまでいった時、次の展望が開けるというのは、登山でも同じ。最後の新幹線車両と言えるくらいの位置付けで開発している。

世界との競争

――仏のＴＧＶなど世界の高速鉄道との速度競争は。

ありません。国情が違う。鉄道は地理的状況や、需要の構造といった状況に制約される産業だ。ＴＧＶでは、ローカル線車両など色々な列車が入ってくる。フランスの人は（新幹線のことを）「あんな軽量の電車は危ない」という。フランスでは死傷事故もあり、ＴＧＶと新幹線が正面衝突すればどっちが壊れるのかと聞かれるほどだ。しかし、我々は専用軌道で、軌道内に入れば厳しく罰せられる特別法もある。ＴＧＶは、畑の中を走り、騒音を出しても文句を言われないが、日本では七十五ホンを絶対下回らないといけない。各国各様のやり方があるので、単なるスピードで勝負する必要はない。

N700系の模型(20分の1)。先頭形状の長さが700系より少し長くなる

現在と未来

――東海道新幹線の役割は。

東京、大阪は大事な地域。ここで一番信頼でき、効率の良い輸送機関が東海道新幹線。一日三十七万人が利用し、自分の時間に合わせて列車を選べるようになっており、日本経済の効率性の象徴になっている。ただ、効率が良いのは沿線に人口が密集し、東京と大阪で地下鉄などの鉄道網が整備され、鉄道で行きたいところへ行けるというシステムができているから。これが世界にない日本の強みだ。

――九州新幹線の開業、JR東日本の三百六十キロ計画など、「新幹線新時代」に入ったと言えるか。

本音を言えば、九州で本当にいるのかな?と。国は高速道路も高速鉄道網も張り巡らすという惰性で動いているが、どこかで止まると思う。今のネットワークがあれば十分と思う。

――N700系の先は考えているか。
東海道新幹線は二〇〇四年秋で四十年。国鉄時代はほとんど変化がなく、民営化後300系、500系。そして700系、N700系へとつながってきた。これ以上の飛躍については分からないが、（速度向上については）地震発生時、今の二百七十キロだと地震の波を早く検知し、波が来る前には速度を落とすことができるけれど、あまり速くするとそれができなくなる。バランスを考えると三百キロが上限かもしれない。「三百キロ超」に視点をあてないわけではないが、上がっても五キロ、十キロで、それより省エネ、静粛性の方へ向くかもしれない。

（秦　重信）

5

山陽新幹線もっと便利に——垣内　剛・JR西日本社長に聞く

垣内　剛（かきうち・たけし）　新幹線に初めて乗ったのは学生時代。東海道新幹線開業（一九六四年十月一日）の翌日だった。「まず速さ。ついで、斬新なイメージの車両に衝撃を受けた」と語る。六九年、国鉄入社。二〇〇三年四月から社長。大阪府出身、六〇歳。

▼古い車両大幅に整理　スピードアップで飛行機に対抗

時速三百キロ、世界最高速で走る500系。700系に高級感あふれる居住空間を追求する独自の改良を加えた「ひかりレールスター」。いずれも、山陽新幹線の特性を生かしたJR西日本の柔軟な経営方針のたまものだ。N700系投入で、旧型車両の整理に拍車がかかることにもなり、また新たな時代が始まる。山陽新幹線が秘めた「可能性」を、熱っぽく語った。

三百キロの意義

——700系以来のJR東海との共同開発。今回は、最高速度三百キロの設定になった。

私たちは500系という素晴らしい新幹線を作った。しかし、値段が高い、先頭車の定員が少ないという欠点があった。今回は500系と700系、それぞれのよさを生かした車両を作る。その結果、500系で培った高速技術や環境対策がN700系に投入できるから、JR西日本の技術陣の期待感も大きい。

——最高速度を巡り、両社間で議論があったと聞くが。

急な曲線が少ないなどの路線の特長から三百キロ走行が可能になった山陽区間では、N700系でも最高時速三百キロというのは当然だ。一方で、東海道区間でも二百七十キロに統合したいという意思もあり、その結果として東海道・山陽区間を通して最速の車両をということになった。

——500、700、N700系が混在することになる。その中で、山陽新幹線が目指すところとは。

N700系の投入で、古い車両(0、100系)を大幅に整理することになる。300系以上の車両ばかりになると全体の速度向上が一気に可能になり、細部をこれから決めるとしても、利用者にとっては大変便利なダイヤが組めるはずだと感じている。さらにすべての「のぞみ」が三百キロで走るようになると、速度のメリットを最大限に生かしたダイヤを作ることができる。

快適さの追求

——飛行機と新幹線の競争に注目が集まっている。

JR発足後、速度向上とサービス改善を行ったが、その間に飛行機の競争力もどんどん増してきた。飛行機がどんどん増発され、「のぞみ」はまだしも、「ひかり」がついていけなくなってきた。しかし、鉄道には「すぐ乗れる」という強みがある。「のぞみ」にも自由席を設けたことで、より

「乗りやすい新幹線」ができたと思っている。

――無機質になりがちな新幹線だが。

鉄道で一番面白くないのは新幹線と通勤通学輸送、と言われる。だが、その中で山陽新幹線はバラエティーに富んでいる。鉄道が飛行機に圧倒されているのは「体感時間」。これに対抗する取り組みの一つが、「ひかりレールスター」だった。四列の指定席で居住性を高め、車内放送を省略した静かな車両も作った。パソコンが使える「オフィスシート」や家族連れで独占できる「コンパートメント」も特筆すべきこと。コストとの関係で、食堂車もなくなってきた。旅の楽しみが「駅弁」ぐらいというのは少し寂しい。しかし、「利用者にとって何が大事なのか」を考えないといけないし、「お客様の目線」にこだわったサービスを生かしていくべきだと思う。

さらなる高速化

――九州新幹線が開業したが。

山陽新幹線との接続などで、まだまだこれから検討の余地がある。中国地方から九州南部に向かう利用者の利便性を考慮しながら、どのような方法がよいのか、JR九州と議論していきたい。

――新幹線はこれからまだまだ速くなるだろうか。

さらなる高速化には、環境問題などで、今以上の技術開発が必要になる。しかし、画期的な技術が生まれ、様々な問題がクリアされるようなことがあれば、さらに高速で走行することも不可能ではないと考えている。

（増田弘治）

第三章　先行試作車

1　技術屋魂の凝集「設計会議」

▼熱い思いぶつけ合う
「言葉が絵に、絵が物に」

　ＪＲ東京駅「日本橋口」のＪＲ東海新幹線鉄道事業本部が入るビルの七階。同社車両部書庫に、大判のファイルがずらりとならんだスチールロッカーがある。とじ込まれているのは、３００系開発以来の新幹線の設計図だ。

　一つの車両形式ごとにファイル十五冊程度、紙の枚数は総計約七千五百枚にも上る、貴重な日本の鉄道財産だ。０系と１００系の設計図は永久保存のために電子データ化され、光ディスクに収められている。

　最新のファイル。Ｎ７００系のものには、「設計会議、議事録」と名付けた資料も含まれる。設計図を確定していくため開かれる会議を、克明に記した書類。そこには、新型車両に挑む「技術屋」たちの生の声が凝集されている。

新しい車両の開発は、現在の最新車両が走り始めた時から始まっている。JR各社やメーカーの「次世代車両のための基礎研究」がそれにあたる。JR側が新型車両製造を決断した後に招集する設計会議は、常に集積されてきた最新の技術が怒とうのように持ち込まれる世界だという。

N700系の設計図や会議議事録をとじたファイル。技術屋たちの思いもとじ込まれている（ＪＲ東海提供）

▼五十回近く開催

N700系の設計会議は二〇〇三年秋に始まり、これまで五十回近く開かれた。各社の精鋭技術陣が、最初は「仕様書」や「検討図」を前に、回を重ねるにつれ粗い設計図をにらみながら知恵を絞ってきた。

車両・艤装《ぎそう》分野の設計会議でアンカーマンを務めるJR東海の鳥居昭彦・車両担当課長（四三）は言う。

「設計会議は、発注者だろうが『だめ！ そんなもん関係ない』『あなた分かってない』と言われかねない雰囲気。『こういう設計条件でよろしいか』と聞かれて、『分からん』なんて言ったら、『こりゃだめだ』となめられちゃう。技術に裏打ちされた知識で物を言えないと」

文字通り穴が開くほど図面を見つめ、基礎研究

N700系設計会議。技術屋たちが白熱した議論を展開した（ＪＲ東海提供）

で培った自分たちの技術を放り込む透き間を見つけようとする。

会社は違っても、「良い物を作る」というゴールは同じだから仲間意識は強い。だが、白熱するとやはり、客観的な実験データをめぐってでさえ、「そもそも、前提条件が違う」「うちの場合はこうなるんですよ」と互いに一歩も引かないこともある。

「図面をよく見るというのは大事なことです。じーっと見て、部品の一個ずつ『これでいいのかな』と考える。今回やってきて、身にしみた。新しい技術でも何でもないんですけどね……」

鳥居が感慨深げに言う。

７００系でぎりぎりまで削った車体重量を、さらにグラム単位で削る作業がＮ７００系で求められ、達成した。車体を極限まで薄くしているのに、付属部品に厚いものを使っている見落としがあった。こうした問題点を図面で一個ずつ見て、丹念に「ちびちび削っていった」（鳥居）のが功を奏した。

▼達成感を求めて

設計図の描き手たちは、会議の前夜まで図面の手直しをする。東京での会議に向かう夜行列車の中で一晩中、「明日はああ言おう」「いや、こう言ったほうが」……と話し込む人たちがいる。

会議が終わっても議論は続き、〝場外乱闘〟になることがある。時間を忘れ、とことん議論して気が付いたら帰れなくなっていたことも珍しくない。

日本車両車体設計部第一設計グループの新川明宏・担当係長（三七）は、九〇年代のＪＲ各社の新幹線開発すべてに、設計技師として携わってきた若きベテランだ。新川は、設計会議の醍醐《だいご》味《み》についてて語る。

「議論したことが、会社に戻ると図面になる。図面から今度は工場に作業が移って、だんだん車両が完成していく。言葉が絵になり、絵が物になっていく。それを間近で見ている。そして最後に車両が動き出すんです。それを全員で味わう達成感ですね」

人々の熱い思いのつまったＮ７００系の設計図。この新たな鉄道財産は、もう間もなく完成する。

◎

東海道・山陽新幹線の新型車両Ｎ７００系の開発が終盤に入っている。二〇〇五年春から東海道区間で始まる試運転に使う「先行試作車」の製作が始まり、先頭車両の「エアロ・ダブルウイング」が披露される日も近い。ＪＲ東海とＪＲ西日本、受注各社の〝技術の結晶〟が磨き出される過程を追いながら、走り始める日を待つことにする。

（秦　重信、増田弘治）

2 〝裸の車両〟で剛性チェック

▼「ここからが勝負だ」にび色構体に技術者の誇り

二〇〇四年十月下旬。新幹線車両のトップメーカーの一つ、日本車両豊川製作所（愛知県豊川市、三十一万四千平方メートル）で、N７００系の先行試作車（十六両編成）に対する「構体荷重試験」が始まった。

表面塗装も、いすなどの内装も施されていないアルミ合金だけの〝裸の車体〟に、二〇〇五年春からの試験走行で想定されるあらゆる負荷をかけ、それに耐えられる力「剛性」があるかどうかをチェックする試験だ。

ＪＲ東海で主に内装を担当する鳥居昭彦・車両担当課長（四三）は、興奮を隠しきれない。「これが始まると我々車両屋は『正月が来た。ここからが勝負だ』という気になるんですよ」

▼四百の測定計器

荷重試験にかけられるのはグリーン（G）車、一般的な普通車、身体障害者用の大きなトイレがある普通車の十一号車と先頭車のそれぞれ特徴が異なる四車両ほどだという。

日本車両は、試作車のうち五号車から十四号車までの客車十両を製造、G車にあたる八号車と十一号車の試験を担う。試験の一つでは床面に巨大な鉄骨を載せ、百トンもの圧力をかけてアルミ合

11号車内の扉付近で、ひずみゲージをはり付ける作業員。位置が狂えば、正確な測定結果が出ないだけに、根気が要求される（愛知県豊川市で）

金のひずみ（伸びた量）を測る。十一号車内では、ひずみの程度を測るのに必要なゲージ（測定計器）の張り付け作業が佳境を迎えていた。

長さ二十五メートルある車内に立ち入った。ゲージの位置は、扉部分や窓枠周辺など、応力の集中する部位を中心に四百か所にのぼる。それぞれが電線とつながり、端子ボックスへと続く。床には電線の束がとぐろを巻く。測定の仕組みは、ゲージの先に微弱電流を流し、荷重をかけて、ひずみが出た場合の電流の抵抗値を測る。設計値と照合し、標準以上の値が出ていれば、肉盛りや補強材を張ったりする。

やっかいなのは、ゲージを張る位置。一ミリ単位で決まっている。「駆け出しのころ、張ったことがありますが、向き一つで試験結果が変わる。とても難しい」。鳥居の言葉を裏付けるように、作業員たちが一つ一つ目を凝らしながら張り付けていった。

ひずみゲージから送られるデータを集める装置には、電極がびっしりならぶ

塗装前の８号車構体。さまざまな荷重試験を経て、剛性が試されていく

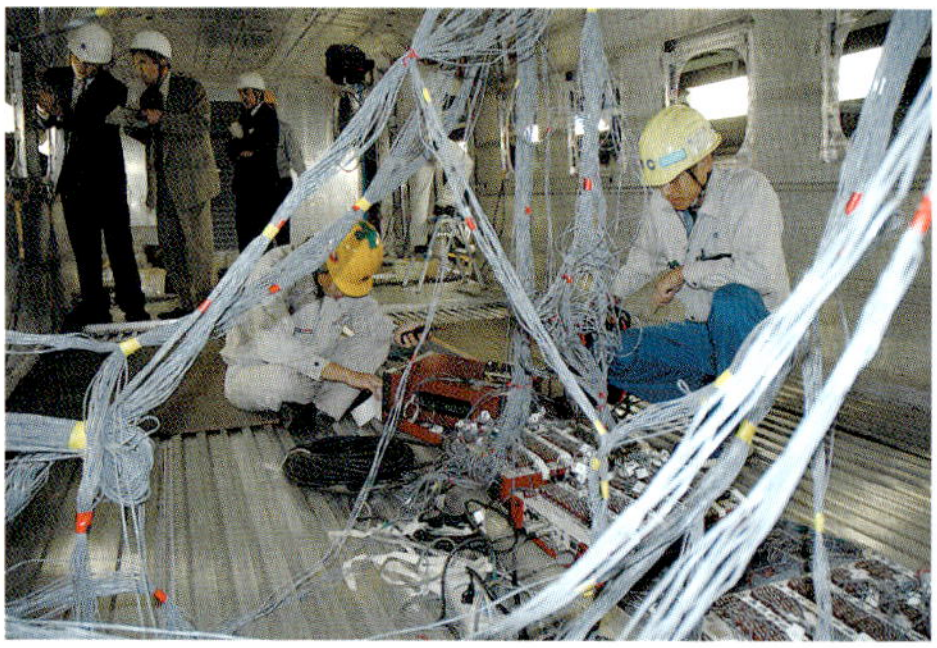

車内は、ひずみゲージから伸びるケーブルが蜘蛛の巣のよう

鳥居が指さしているのが、構体に貼り付けられたひずみゲージ

▼過酷な条件

広大な敷地内では、ＪＲ以外の車両も製造中だ。鉄製の重厚感ある普通車両、台湾へ輸出される新幹線車両を見やりながら、十一号車とは別棟に置かれてある八号車を見た。建屋は車両一台分がすっぽりと入る広さ。鉄製の扉を開けると、照明を抑えた薄暗い建屋内で、にび色に光る車体を仰ぎ見ることができた。

ヘルメットをかぶった作業員たちが取り囲む。一人がハンマーを両手に抱え、車体の床下を、腰

車体の固有振動数を調べるため、構体にハンマーを打ち付ける作業員

をかがめて動き回る。「いいですかー」「オーケー」。合図に従って車体にハンマーを打ちつけていく。「カーン」「キーン」。金属音とともに衝撃で揺れた車体の振動数を車内外に張り巡らせたセンサーで検知する。荷重試験の前にするのだという。

物体はそれぞれ固有の振動数を持つ。走行中に車体と台車の振動数が重なった場合、共振現象が起き、車両が左右に大きく揺れる可能性があり、あらかじめ双方の振動数が合わないよう調節する必要があるからだ。

実際にはあり得ないような過酷な試験条件もあるが、それも乗り越える。白と青、鮮やかな新幹線カラーに彩られた完成車に比べ、素っ気なく見えるにび色の構体には、技術者たちの誇りがちりばめられている。

（秦　重信）

3
先鋭〝舞い降りた鷲〟

▼先頭車両の構体姿現す

Ｎ７００系の新しい顔「エアロ・ダブルウイング」の先頭車両の構体が二〇〇四年十一月二十九日、瀬戸内海を臨む山口県下松市の「日立製作所笠戸事業所」の工場内に姿を現した。

アルミ合金板を、運転台付近、扉周りなど、それぞれに微妙なラインを描く三十八個のパーツに加工し、つなぎ合わせた。まだ塗装前で、溶接した跡が見てとれる。

「鷲《わし》が翼を広げたよう」と形容されるように、７００系よりも先端部の両側が広く、昨年六月に公表された完成予想図に比べ、ずっと先鋭だ。

▼手仕事から自動化へ

〝にび色の顔〟が出来上がる約一か月前。笠戸事業所で進められていたパーツ作りに立ち会った。「キューン」「クゥーン」。波打ったような形をした、厚さ四十ミリのアルミ合金板が、「高速五軸マシニングセンター」と呼ばれる削り出し機に据えられた円筒状の回転式カッター「エンドミル」に削られ、平屋建ての工場内に周波数の高い音を響き渡らせていた。

削り出し機にはあらかじめ、先頭車の設計データが送信されている。エンドミルはこうしたデータに従い、一分間に一万五千回、時計回りに回転

組み上げ途中の先頭車両の構体。塗装前だが、700系よりも先鋭な顔となりそうだ（2004年11月22日、日立製作所笠戸事業所で。ＪＲ東海提供）

し、猛烈な勢いで縦、横、上下に移動する。

微細なアルミ合金の粒子が目に入らないようゴーグルをつけて、削りカスがはじき飛ばされていく様子を間近に見た。カッターの刃は代表的な硬い金属、タングステンを焼き固めて作ったものだ。

アルミ合金を先頭構体のパーツに加工する、削り出し機のエンドミル（日立製作所笠戸事業所で）

工場内には、削り出しが終わったばかりのアルミ合金の板が置かれていた。この後、溶接の作業が待っている（後方が削り出し機を収めたブース）

手に取るとずしりと重いが、途中で折れることもあるという。

同事業所の蔵岡紀満・主任技師（五五）は、「刃は、数枚削れば新しいものと取り換えなくてはなりません」と説明した。

削り出しの順番を待つ、プレス成形済みのアルミ合金板

四年前、神戸市の川崎重工業兵庫工場で、カモノハシのような700系の先頭車両の構体作りを取材した。当時は、同市のマイスター（卓越技能者）に認定された同社構体課技能士の男性が、薄く加工したアルミ合金を手で曲げ、原寸大の木枠

アルミ合金板の厚さは 40 ミリ

で調整しながら骨組みに沿って、複雑な面にぴたりとあてはめていった。職人芸が最先端技術を支えているミスマッチが、面白かった。

溶接作業がほぼ終わり、完成間近の構体

しかし、パーツが約七百個にも及び、剛性の向上などから700系の製造途中から自動化へ移行したという。

組み立てが終わり、この後、塗装の工程に入る

▼アルミ合金二ミリに削る

エンドミルが快調にアルミ合金板の上を滑っていく。摩擦熱が高温になるのを防ぐため、カッターの回転と同時に植物油が注入される。工場内には焦げたにおいが漂い、鼻孔にまとわりついた。

先頭構体のパーツを色分けしたコンピューターグラフィックス画像（提供）

削り出されたばかりの扉部分のパーツを見た。骨格となる部分以外は、均一に厚さ二ミリに削られている。骨皮構造といい、一つひとつのパーツは、大型のプラモデルの部品を思わせた。

表面をさっと指でなでると、削られた跡の円形の模様が整然と均等に並ぶ。機械の仕事に時の流れを感じたが、７００系以前の先頭車両は、今後も手仕事の余地が残ると聞き、少しほっとした。

（秦　重信）

4

もっと静かなモーターを

▼内部冷却する風の音を消す

三菱電機駆動システム設計課（兵庫県尼崎市）に勤める坂根正道（三八）は、新幹線のモーターの設計に携わって十二年になる。N７００系開発を目指すJRから、「もっと静かなモーターを」と高い目標を示された時のことを振り返り、こう言った。

「頭を抱えました……」

７００系のモーターでは、静粛化に開発当時としては最高レベルの努力を尽くした。だから、坂根たちにとっては「まだ足りなかったか」というところだろう。もちろん、技術者としてはやりがいのある仕事が与えられたのだが。

▼一編成に五十六台

N７００系は、一つの台車に二台、一編成のうち十四両に計五十六台のモーターを着け、最高時速三百キロのための動力をたたき出す。そのため、７００系より出力をモーター一台あたり十パーセント上げた。高さ六十センチ、長さ六十九センチ、幅七十一センチ。重さは三百九十六キロで、出力アップにもかかわらず、７００系と同程度に抑えることができた。

これが、客室直下で最高毎分四千—五千回転するのだが、今回「削減」を求められたのは、モー

「ＪＲの『妥協を許さず』の方針は厳しかった」。N700系に搭載されるモーターを前に坂根は語った（兵庫県尼崎市の三菱電機で）

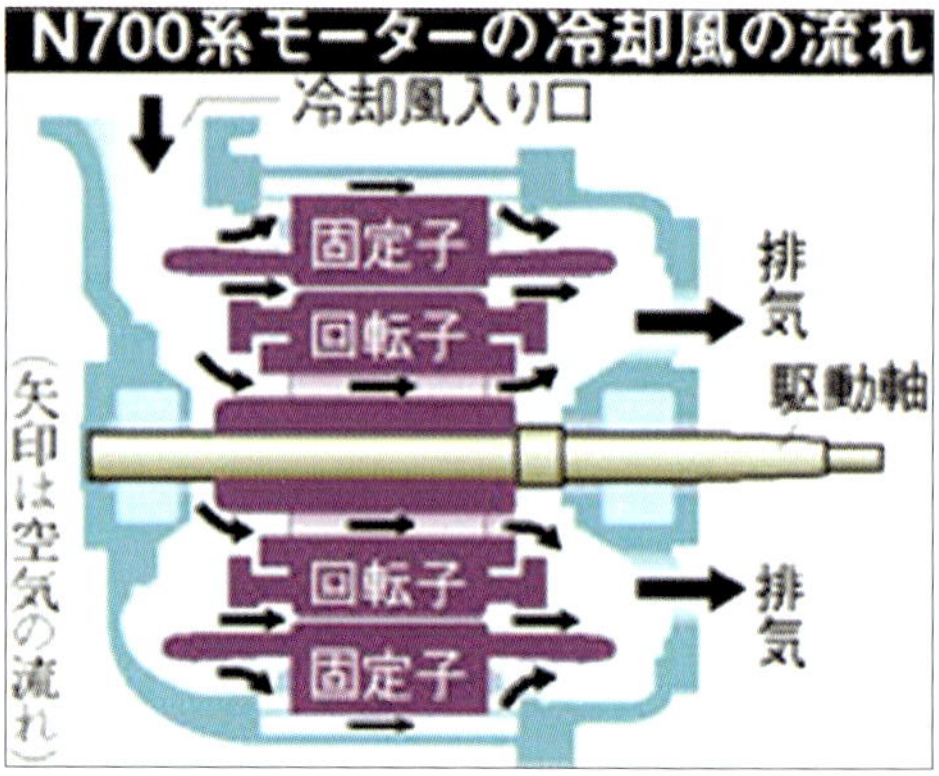

ターの内部を空気冷却する機能から発生する音だった。風の音だ。

モーターは、内部を冷やさないと際限なく温度が上がってしまう。これを高いところでも二百度程度に保つため、毎分二十立方メートルの空気を吹き込んで冷やす。

回転力を生み出すローター（回転子）と、それを取り巻くステーター（固定子）の間のわずか二ミリの透き間に吹き込まれる空気の流れは、秒速三十メートルになる。大きな吹奏楽器に台風並みの息を吹き込むイメージ。だから、「ピー」という甲高い大きな音が出てしまう。

７００系ではこの音を可能な限り小さくしたという。Ｎ７００系では、これをもっと聞こえなくするのだ。

▼武器はひらめき

坂根たちは、ＪＲ側の厳しい要求を見事に達成させた。技術開発の秘けつは、「ま、やってみよう、というところですね」。

試作しては音を測ってみる、という作業を重ねた。その度に、「うーん。いまいちやなぁ……」の繰り返しだったという。

最大の武器は発想の転換。技術者たちの「ひらめき」の集積、と言ってもいい。

二ミリの透き間の端にあった穴をシート状の絶縁材でふさぎ、風の流れをより滑らかにしてみた。予想通りの効果。気になる音が消えた。これを基本に設計を進めた。

加えて、ふさいだところを冷やすために風の道に「バイパス」を付けて効率的な流れを作り、冷却能力を高めた。

ところが、風の流れを変えると、別の部位で冷却風が不足して温度が上がる。

「困ったな」「じゃあ発熱しない材料にすれば？」

温度が上がった部位に発熱を抑制できる材料を採用、温度の分布にバランスを持たせることにした。

ただ、静粛化ばかりは実物を作ってみないと、データ通りにできているかどうかを実証できない。これが、音の難しいところだ。

成果が確認できるのは二〇〇五年春。坂根たちは先行試作車が走り始めるその時を、心待ちにしている。

（増田弘治）

5 「車体傾斜」台車試験で確認

二〇〇五年春から始まる試験走行に備え、車両の構体、内装、電気機器など、N700系先行試作車の技術的なチェックは最終段階に入ってきた。

そのなかで、最も注目を集めるのが「鉄道総合技術研究所」(鉄道総研・東京都国分寺市)で行われている「車体傾斜技術」を取り込んだ台車試験。新幹線の開発史に新たなページを刻もうと、車両構造技術研究部の下村隆行・主任研究員(四七)らの厳しい目が注がれている。

▼走行を模擬

鉄道技術に関する数々の研究を手がける鉄道総研を訪ねたのは、二〇〇四年の十二月二十二日。国鉄時代の鉄道技術研究所から引き継いだ広大な敷地の一角にある「車両実験棟」内に、その台車はあった。

試験は、レールにあたる円盤状の「軌条輪」に、台車の車輪を載せ、軌条輪を回転させることで走行を模擬できる。試験台には、長さ二十五メートルある車両一両分が収まり、台車二台、合計八つの車輪の走行性能をチェックできる。国内ではここにしかない優れもので、鉄道事業者などからの試験委託の予約が、一年先まで詰まっているという。

下村の案内で、300系の構体を載せた台車の試験を見ることができた。時速五キロの低速回転。ゆっくり軌条輪が回り出した。構体はN700系

走行実験をするN700系の台車

下村主任研究員(手前)の指示で、軌条輪がゆっくりと動き出した

車輪を支える円盤が「軌条輪」。500キロ走行までのシミュレーションができる

の空車時と同じ重さにしてある。車輪は止まっているように見える。

数分後、下村が、中二階の測定室にいる職員に無線で指示を伝えた。

「車体傾斜」。進行方向に向かって左側の車体がわずかに上がった。実際の走行では見ることのできない、一瞬の出来事だ。

「角度は一度。高さにして四、五センチです」。

設計通りの作動に、車両開発で二十四年のキャリアを持つ下村の顔が少しほころんだ。

走行性能を確認する鉄道総研職員

今も残る旧型台車試験装置では新幹線試作1号台車の走行試験が行われた（鉄道総研提供）

▼三方向からの負荷

測定室に戻った。試験室とは監視窓と壁で仕切られ、車輪の大まかな動きはモニターで目視でき、詳細な動きは心電図計のような記録装置やコンピューターで解析する。

速度が最高の五百キロまで上がった。「百、二百、三百五十」……、あっと言う間に「五百」に達した。レール狂いなどの負荷がかかっていないため、記録装置に記される黒い線はほぼ真っすぐだ。負荷がなければ、五百キロでもほとんど揺れないという証明で、新幹線技術の高さを改めて感じることができる。

　無論、真っすぐな走りばかりを模擬するわけではない。Ｎ７００系では、台車の左右に設置した空気バネへの空気の出し入れで車体を傾かせ、これまで二百五十キロで走っていた曲線半径二千五百メートル（Ｒ２５００）のカーブを二百七十キロで走り抜けるが、試験台では上下、左右など三方向から負荷をかける。

　三百キロで車体傾斜をしてもらった。それぞれの記録装置の線は、それまでの真っすぐから、同時に横にそれ、傾斜を戻すとまた直線に戻った。「順調です」。下村の評価に、近くにいたＪＲ東海の技術者もうなずいた。

　十二月一日に始まった試験は、構体の重さを二百パーセント乗車相当にするなど、加重条件を変えながら二〇〇五年一月まで行われる。「わずか一度」の傾斜を完全なものにするため、通常の二倍の時間をかけるが、それが初代新幹線「０系」を開発した、この研究所を受け継ぐ技術者たちの矜持《きょうじ》なのだろう。

◎

　年が明けた。鉄道総研では五日から台車試験を再開、ＪＲ東海には正月休みを返上した技術者もいた。試験走行へ向け、Ｎ７００系の開発が加速する。

（秦　重信、増田弘治）

6

美白の〃顔〃ライン強調

▼すっきり塗装、パテの職人芸

二〇〇四年十二月二十七日。〈秘密の顔〉が、塗装ブースからそろりと引き出された。

アルミ合金むき出しでにび色だった姿から、真っ白に変わった先頭車両。小春日和の柔らかな日差しがすっと伸びた鼻先に注がれる。

青いラインを引く前の車体が姿を現すのは、まれなことだ。先行試作車の一号車から四号車の塗装を担う日立製作所笠戸事業所（山口県下松市）の作業員が言った。

「ヘリコプター、飛んでないだろうな。盗撮されたら大変だよ」

▼伝統の二色

新幹線は東海道・山陽から東北、上越、九州など沿線距離を延ばすにつれ、外装色は多様になってきた。

しかし、新幹線カラーと言えば「青」と「白」。世界でも有名で、四年前、JR西日本から鉄道発祥の地、英国のヨーク国立鉄道博物館に初代「0系」の先頭車両が寄贈されることになり、同国南部の港町、サウサンプトンでの譲渡式を取材したが、ツートンカラーの車両の前で、記念撮影をする英国関係者の喜ぶ顔が思い出される。

N700系でも、この伝統は受け継がれる。塗

にび色の車体から白色に塗装された先頭車両（山口県下松市の日立製作所笠戸事業所で）

装担当として五十人の作業員を率いる車両第二課組長、渡辺智二（三九）によると、作業は十二月初旬から始まっていた。

東京ドーム十一個がすっぽり入る敷地には、塗装ブースが九か所設けられている。渡辺は、「N700系であっても、在来線であっても基本的な塗り方は変わらない」と説明する。

まずは、塗装の前処理として金属の微粒子を高速でぶつける「ブラスト処理」を施す。アルミの車体は表面がツルッとしていて、塗料が密着しづらい。微粒子によって表面の酸化膜を取り除き、でこぼこ感を持たせることで、密着力を上げるのだという。

▼五つの工程

ブースのひとつに足を踏み入れた。塗料のにおいがツンと鼻を刺激するなか、眼前には、草色に塗られた二号車が据えられていた。
「五層コート」と呼ばれる塗装作業は、初めに
さび止め効果のある赤い色をした防錆《さび》剤「プライ
マー」が吹き付けられる。電車の基本となる塗料

草色に塗られた２号車（同事業所で）

で、一両当たりの使用量は七十キロだが、すべてが車体にくっつくわけではないという。

次はパテつけだ。約五十センチの金ベラで薄く、薄く伸ばしていく。先頭の複雑な形状の部分は、九回、十回と重ね塗りする。

渡辺が言う。「パテつけは、ミクロンの世界。700系の先頭は球面というイメージが強いが、今回は線を強調している。ピシッとした線ができるかどうかはパテ次第。十年近いベテランでないとできない職人芸です」

三層目は、草色をしたウレタン系塗料「サーフェイサー」を使った中塗り。二号車は、この段階にあった。

パテの表面は無数のミクロの穴が開き、いきなり白い塗料を上塗りすると、乾いた田んぼに水がしみこむように、その塗料が内側へと吸い込まれてしまう。

そこで、紙ヤスリをつけた円形の回転道具「サンダー」で削りこみながら、サーフェイサーを塗り込んで穴を埋め、上塗りされた塗料が浮き上がるようにし、光沢を持たせることができる。

この後、もう一度、白色の中塗りをし、冷暖房効果を高めるためJR東海が開発した遮熱剤を混ぜた仕上げ用の白色の塗料を塗布する。

幾重にも重ね塗りをしても、厚さは一ミリを少し超える程度。ほとんどが手仕事で、五つの工程を終えるには一週間程度かかるという。

各車両メーカーでも塗装作業は佳境。そして、あの青いラインが引かれた車両が披露されるのはもうすぐそこまできている。


（秦　重信）

7 「滑る」現象防げ

▼空気圧使いブレーキ調節 制御能力アップで可能に

雨にぬれた線路上でブレーキを使うと、レールと車輪の接点に生じる摩擦力「粘着力」が落ち、車輪に動力が伝わらなくなる。鉄道技術者たちが「滑る」と呼ぶ、車輪がロックする現象が起きてしまう。

すると、車輪の回転数から算出する車両の速度や位置検知に誤差が生じ、新ＡＴＣ（自動列車制御装置）やＮ７００系自慢の車体傾斜装置を、使いこなせなくなる。

ＪＲ東海車両課担当課長の上野雅之（四八）たちは、「滑らない新幹線」を作るためのブレーキシステムの開発に、十五年という年月を費やしてきた。

▼営業車両で解析

最も滑りやすいのは、先頭車両だ。水気が多いなど、悪い条件が一番多いレールを走るからだ。

技術陣は、「ならば、ブレーキ操作は中間車両に集中してやればいい」との発想で、開発に取り組んできた。この考え方が投入されたのは、３００系が最初だ。

上野たちは、一九九九年八月から、３００系と７００系の営業車両計二十編成にデータ収集用のコンピューターを積み、滑る様子とブレーキの関

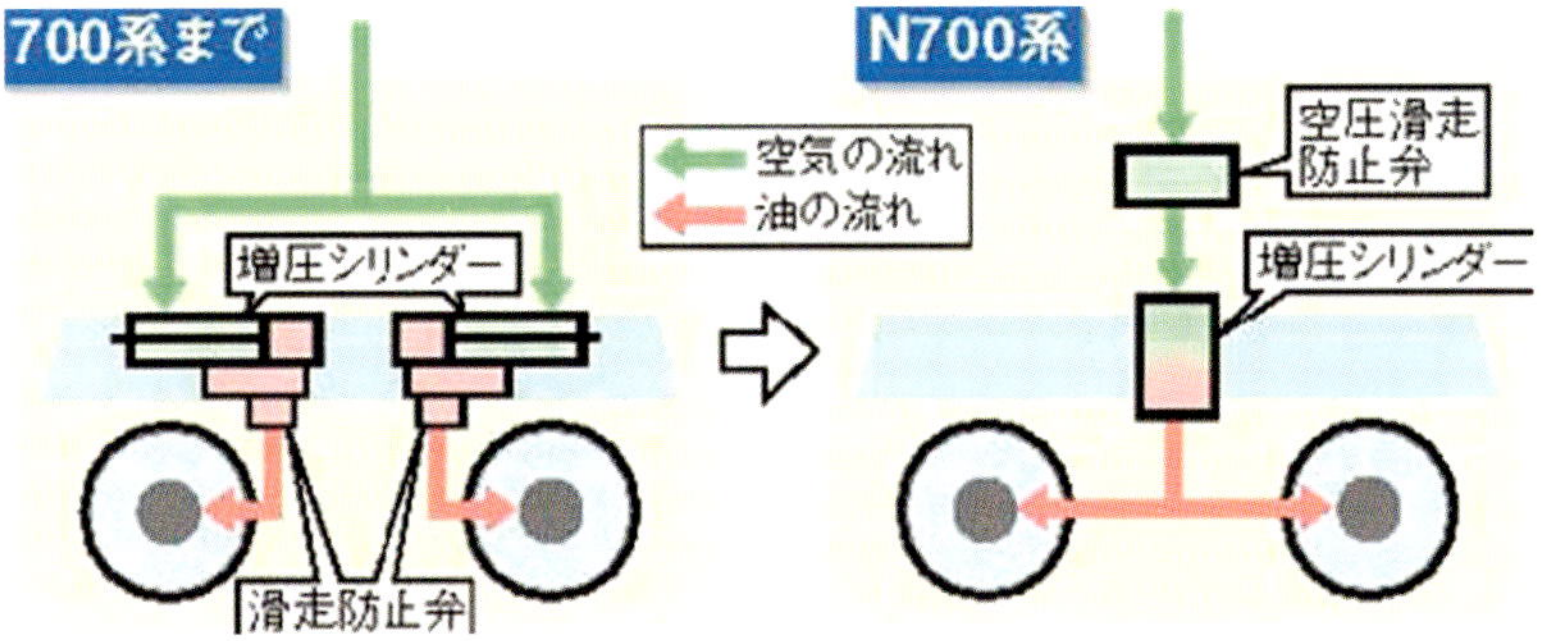

700系までのブレーキ装置と、N700系搭載の改良型

N700系に採用されるブレーキ装置は小型、軽量。従来の半分程度の重量しかない。作業員が触れているのが空気圧を油圧に変えるシリンダー（ＪＲ東海提供）

係の解析を行った。一年半で一千万キロを走った車両は、四十万回に及ぶブレーキ操作のデータを与えてくれた。

データ解析から、「700系の滑る頻度は、100系比七分の一」との結果が出た。「発想」が実証されたのだ。

N700系ではどうなるのだろうか。上野によると、滑る頻度は100系に比べて十分の一程度に抑えられるはずだという。

▼空気圧がカギ

「新幹線のブレーキには、油圧を使う以外ない」0系以来、そんな〝固定観念〟が居座り続けてきた。二百キロを超える新幹線の速度域では、空気圧に比べて反応性の高い油圧を使わないと、ブレーキの調節が追いつかないと考えられてきたのだ。

しかし、油圧装置は「0か百か」という力の伝え方しかできない。空気圧なら、空気の出し入れで滑りの度合いに応じ、ブレーキ圧を微妙に変えられる。新幹線のブレーキの調節に空気圧を使うことは、東海道・山陽新幹線の車両を作ってきた技術者の長年の夢だった。

それがN700系で実現する。圧力を制御するコンピューターの計算能力が、300系の時代に比べて倍に伸びたことが、それを可能にした。空気圧変化をコンピューターが先読みし、最適な圧力を計算する。

▼副次的効果も

N700系は、新ATCを使ったり、速度から換算したりして、自分の走行位置を確認しながら走る。検知装置を積んでいる先頭と最後尾の車両が滑ってしまうと、一連の作業に誤差が生じてしまう。

そのため、両車両では時速三十キロ以上の速度域では、非常時を除いてブレーキ操作をさせないことにした。「中間車両でブレーキをまかなう」という仕組みがあってこそ、なしえた技だといえる。

また、空気圧の採用はブレーキ系統の部品の小型、軽量化にも大きく貢献し、一編成二トンもの重量を減らすことに成功した。

一両あたりでは百四十三キロのダイエット。「お客さん二人分はすごいでしょう」と笑う鉄道マンの表情に、技術開発の貪欲さが見えた。

（増田弘治）

8
高速支える電子機器

▼シート、よじれ感解消

二〇〇五年一月二十五日、新幹線の〈裏側〉を覗《のぞ》いた。試作車作りの追い込みに入っていた日本車両豊川製作所（愛知県豊川市）。表面の塗装を終えた車体の床下で、高速走行を可能にする電子機器の電線を配し、つないでいく作業だ。

同製作所に三十年勤務する鉄道車両本部の太田利行・製造部長（五二）は「床下の電線を結ぶと、一応走れます。先が見えたなぁという感じ」。前年八月から始まった試作車作りが最終盤に入ったことに安堵《あんど》した表情を浮かべた。

▼床下に様々な電線

新幹線開発の歴史は、電子機器の進化に支えられてきたと言ってもいい。N700系では、最高速度二百五十キロとされている東海道区間のカーブで、車体の角度を一度傾かせることによって直線と同じ二百七十キロでの走行を目指すが、十六両編成の全車両がスムーズに傾斜するには、各車両が走行位置を正確に把握しないといけない。

しかし、一秒間に七十五メートル進む猛スピード。実現には先頭車両の位置、速度情報を後続列車に瞬時に伝えるデジタル伝送技術の飛躍的な発展があった。そして、こうした情報を伝えるのに必要なインフラ（基盤）が床下に配した電線だ。

一本や二本ではない。「走る」「止まる」の基本制御に加え、運転席のモニター、エアコンなど様々な装置の電線が、多いところで三十本、長さ二十五メートルの車両の床下で伸びている。五号車から十四号車までの十車両を製造している日本車両では、あらかじめ電線を樋《とい》に配し、樋ごと床下に組み込んでいく。

十一、十二号車の床下配線作業を見た。電線はＪＢ（ジャンクションボックス）と呼ばれる装置

試作車の床下で行われた電線の配線作業（愛知県豊川市の日本車両豊川製作所で）

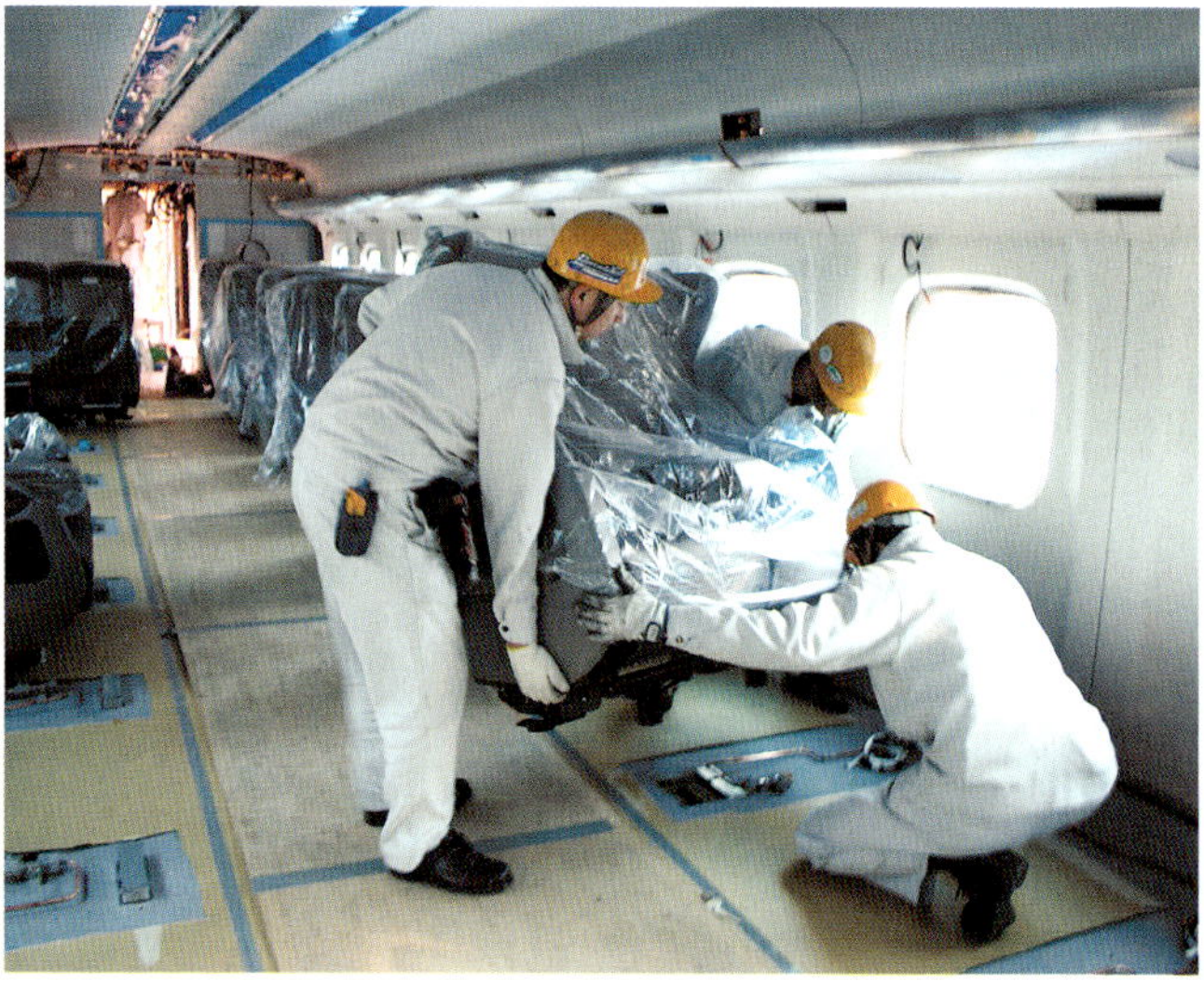

グリーン車に慎重に据え付けられたシンクロリクライニング・シート（愛知県豊川市の日本車両豊川製作所で。ＪＲ東海提供）

を経由してつながっていく。

１００系から製造に携わる太田は、「その時代、時代で、新幹線には最新の技術が導入されている。

樋などを使ってシステマティックに作業が流れるように工夫されているのも昔から」と誇らし気に語った。

▼八十点の自己採点

翌日からは、グリーン車のいすの据え付けが始まった。鉄道車両で初めて導入される、背もたれと座面が同時に動く「シンクロリクライニング・シート」だ。

まだ開発途上だったこのシートに座った感想を、「背もたれを上げる時、背中の左側が先に押し上げられる違和感が残る」と書いた。ＪＲ東海の社内でも「背もたれのよじれ感の解消」が指摘されたほか、「スイッチの操作性の向上」「読書灯の動作範囲の拡大」などが課題として挙がった。

八月中には解決のメドを立てなければならなかった。時間はわずかしかなかった。が、三年間、

内装の進む車内。作業員がヘルメットにつけているのは、部材にぶつかっても傷を付けないためのクッション。

車体の傾斜を生み出す空気バネ（愛知県豊川市の日本車両豊川製作所で）

床下機器も付き、電車らしくなってきた（愛知県豊川市の日本車両豊川製作所で）

「最高のいすを」と研究を続けてきた内装担当の鳥居昭彦・車両課担当課長（四四）はあきらめなかった。

　よじれ感は、背もたれ自体の剛性向上に加え、背もたれを支える主フレーム、リクライニング動作を司《つかさど》るダンパーの剛性をアップさせるなどして解消。〈商品〉として提供できる確信を得た。

「構成部品一つ一つを見直した。関係するメーカーの意見を取り入れ、何とか間に合った。八十点はつけられると思う」

　普通車も含め、日本車両でのいすの据え付けは二月二日に終えた。一号車から四号車を担当した日立製作所、十五、十六号車を担当した川崎重工業もそれぞれの作業を終え、同七日、全十六両がJR東海浜松工場に集結した。各車両を連結した後、いよいよ試験走行が始まる。

　太田、鳥居が期せずして同じ決意を口にした。

「試作車の完成といっても一つの通過点。営業車まで改善、変更は続きます」

（秦　重信）


〈仮運転台〉日本車両では、電線の配線作業を終えた後、四両を一つのユニットとして走行性能などを確認する際に用いる。同社が運転席のある先頭車を製造していないためで、持ち運びできるこの運転台を積み込み、時速四十キロほどで試験線（七百メートル）を走る。

9

実物大〝運転席〟に現場の声

▼騒音の源ハイテクで探る

「これだけで、二年かかったんですよ」。JR東海車両課担当課長の鳥居昭彦（四四）が、そう言って披露したのは、運転席の窓をふくワイパーだった。細部まで、とことんこだわるN700系。最先端のハイテクと職人たちの経験が支えた運転席の製作過程と先頭車両の騒音対策を紹介する。

▼快適すぎるのは困るが

今回、鳥居たちは、運転席を作るのにも専用のモックアップ（実物大模型）を用意して臨んだ。そして、新幹線のベテラン運転士たちに集まってもらい、指南を乞《こ》うた。

ここまでするのは、新幹線四十年の歴史で初めてのことだ。しかし、「人間が操作するのだから、実際に人間が見なければ始まらない」。そんな考えから、手間を惜しまないことにしたのだという。

このモックアップが据えられた、愛知県小牧市の研究開発施設に集った運転士は総勢二十人。「ほう、ここまでするのか！」。どこから見ても本物そっくりの運転台に、驚きの声が上がった。

「あの区間をこの時間に通過すると、日光は窓からどのように入りますか？」「駅に進入するとき、どの程度の視界が必要ですか？」

開発担当者は、運転士たちに尋ね、修正個所を探った。窓外から運転士の座る室内に照明を当て、モニターに陽光が映り込まないか確かめた。

鳥居が言う。

「列車は、時間帯によっては、ずっと朝日や夕日に向かって走るんです。光は、運転士に対して想像以上の影響を与えるんです。室内の熱効率の関係で、設計者はあまり日光を入れたくない。でも、運転士の見方は少し違う」

駅の停止位置に正確に列車を止めるため、運転士は遠くから、早めに標識を見たいものだ。客との接触事故を防ぐ意味でも、ホームの状態もより遠くから、広い視界で見たい。こうした感覚は、実際に乗務しないと分からない。

側面の窓を後ろに延ばし、上下の幅も広げた。「前照灯の点灯を運転席で確認したい」「いすを、もう少し小さく」……。可能な限り、こうした意見を設計に反映させた。

「男の職場」がかつての常識だった鉄道では、操作に力がいる「男用」にできている装置が多い。今回は、力を必要とする部分を極力廃した。

近年増え始めた、女性運転士への気配りでもある。

▼音を「見て」、削る

走る車両から出る音を、目で見ることのできる手法がある。音源探査試験という。

風洞に置いた、五分の一サイズの精密模型に正面から風を当て、マイクで音を取る。モニター上には、天気予報の気圧図のように、音の強弱が色分けして図示される。

ＪＲ東海技術開発部空力騒音グループ主幹研究員の成瀬功（三六）らは、先頭部のちょっとした段差からしつこく出る騒音をできる限り削るのに、この手法を用いた。

改良前の模型を風洞に入れて風を当てると、ワ

運転席モックアップ完成品（ＪＲ東海提供）

イパーと運転席正面窓の上につけた「作業用取っ手」、運転士の乗降用扉付近が、音のエネルギーが大きいことを示す薄い黄色で図示された。「この音を削れ」というわけだ。

そこからは、ワイパーや取っ手の形状を工夫する地道な試行錯誤が始まる。しかし、同社車両部担当部長の田中守（四六）は感慨深げに言う。

「昔は、どこから音が出てるのか分からなかったし、『ここだろう』と目星をつけて調節しても、それが正しいのかも分からなかった」

結果的に、音を抑えつつ高速走行域でも確実に働くワイパーの完成は、最近までかかった。作業用取っ手も、「これでいけるだろう」と踏んだ試作品が予想外の大きな音を出してしまった。

しかし、新しい手法のおかげで、あわせて数十パターンに及ぶ音源の計測は、短時間で終えることができた。

旧来の方法だったら、何年かかっただろうか。

音源探査試験で検出した音の分布。等高線の中央ほど、音のエネルギーが大きい（ＪＲ東海提供）

完成したワイパーと取っ手

しかも、十分な騒音の削減に結びつかなかったかもしれない。

「ワイパー、なかなかすてきな動きですよ」

我が子を慈しむような笑顔で、鳥居が言った。

（増田弘治）

10

発想転換パンタグラフ改良

▼小型で単純な構造に騒音低減、試験でほぼ確認

新幹線の屋根に大きくとび出したパンタグラフ。架線から二万五千ボルトの電気を列車に導くために不可欠な装置だが、車両の高速化に挑む技術者たちには、大きな壁となって立ちはだかってきた。

装置自体、突起せざるを得ない。そして、複雑な部品が高速かつ大量の風を受けて騒音を発する。それを軽くみれば、わずか十五キロ、二十キロの速度向上すら不可能だ。

ＪＲ東海の技術陣は、Ｎ７００系に搭載するパンタグラフを、より小型で単純な構造のものにしようと考えた。

▼我慢してきた……

超高速走行域でのパンタグラフの騒音対策は、７００系の段階で、完成の域に近いところまで迫っていた。かといって、Ｎ７００系のパンタグラフ開発は、７００系のものに微調整を加えたくらいの改良では不十分だと考えられた。

開発陣が口をそろえて言うように、「今までの部品を組み合わせて」というやり方は７００系で限界がきた。

先頭形状にしても、車体の平滑化にしても、やれるだけのことはやってきた。限界まできた今、騒音低減にしても、これまで思いもしなかったと

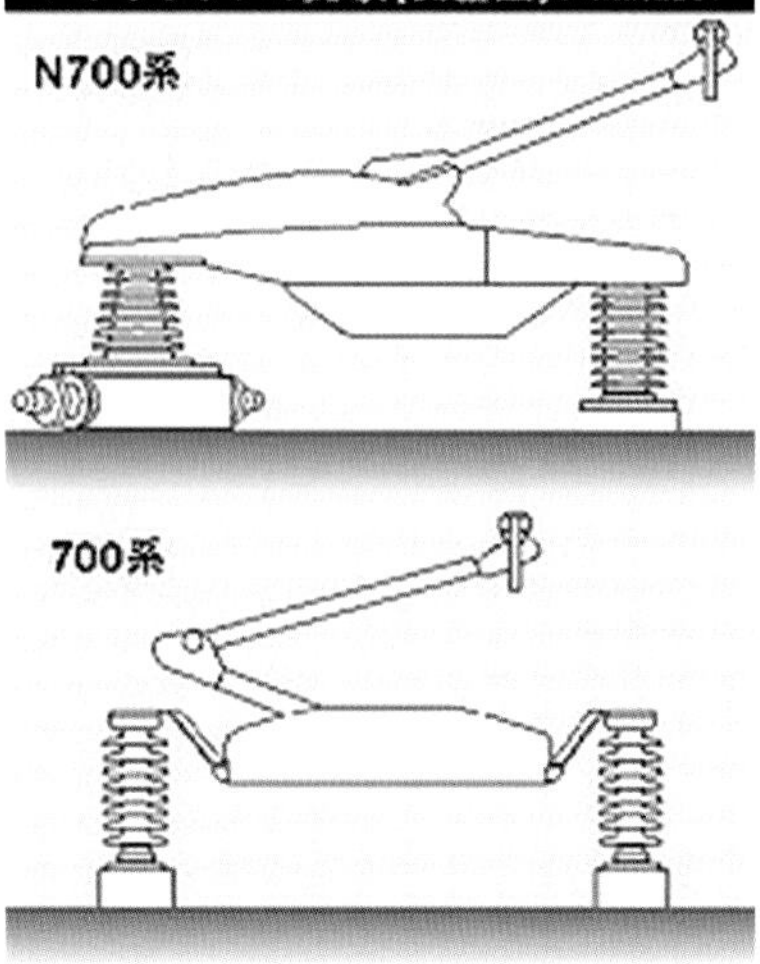

パンタグラフの比較（側面図）JR東海提供

ころに手をつけないと結果を出せない。そうしないと、新幹線が東海道区間全線を二百七十キロ、山陽区間で三百キロで走るという新たなステップに、技術者として踏み込めないのだという。

そこで、パンタグラフの開発にあたっては、一つの「発想」がひねり出された。JR東海車両課課長代理の臼井俊一（四一）が言う。

「これまで『できないんだからしょうがない』と、我慢していたところに手をつけることにしたんです」

パンタグラフの構造を小型かつ単純にできるカギも、そこにあった。

▼弟子の弟子が挑戦

標的は、パンタグラフに付属する「ＥＧＳ」と呼ばれる装置と、電流を逃がさず効率よく伝えて、パンタグラフを下から支える「碍子《がいし》」に定められた。

ＥＧＳは簡単に言えばアースの役目をする機器だ。例えば、非常時に係員が列車の屋根に上る場合に作動させて近くの変電所のブレーカーを落とし、列車の周辺を停電にする。碍子は、７００系までは、セラミック製の大きなものがパンタグラフ一基に計五個使われている。

いずれも、新幹線四十年の歴史の中で、改良に手をつけてこなかった装置だ。それ自体が基礎的

臼井課長代理は「すべてを作り直す、という発想で臨みました」と話した（ＪＲ東海・浜松工場で）

流線型が美しい、新型パンタグラフ

すぎて、「あまりいじらないほうがいい」と言われてきたのだという。

だが、これまでのパンタグラフはＥＧＳの存在と大きさを前提に設計され、それがパンタグラフの小型化に歯止めをかけていた。

０系の基礎設計の時代から考えると、ＥＧＳの設計を手がける電機メーカーの設計者もすでに三代目。まず、「なぜ、これまでこんな構造でやってきたのか」から、改めて考える必要があった。

しかし、結果は出た。二年ほどかかったが、ＥＧＳの小型化に成功し、数を減らすことを目指した碍子は三個に集約することができた。

▼試験走行が試金石

十六両がそろったＮ７００系が公開されたＪＲ東海浜松工場（静岡県浜松市）。目の前に現れた真っさらなパンタグラフは、美しくなめらかな流線形だった。それ自体、一つの乗り物のようだ。

パンタグラフを納める「キャビティー」と呼ばれるバスタブのような空間は、ＥＧＳと碍子の改良で長さで五十センチ、幅三十センチ縮小できている。キャビティーの外側に左右二枚ある遮音板は７００系よりも大型化したが、素材の改良で重量は減らせたという。

支柱は近年主流になった「くの字」に折れ曲がるタイプだが、屈折部分は巧みに隠され一本柱のようだ。

愛知県小牧市の研究施設にある空洞での実験、３００系先行試作車「Ｊ１」に搭載して行った試験で、騒音低減はほぼ確認できている。

しかし、ＪＲ東海車両課担当課長の上野雅之（四八）は、〝技術屋の慎重さ〟で言った。

「すべての課題がクリアできるかどうかは、これからの走行試験にかかっている」

（増田弘治）

11

新旧技術四十一年の集大成

▼曲がった扉、苦心の設計

「新幹線四十一年の技術の集大成。新たな鉄道財産が誕生しました」

二〇〇五年三月四日、JR東海浜松工場（静岡県浜松市）で報道陣に公開されたN700系の先行試作車について、同社の田中守・車両部担当部長（四六）は晴れやかな表情でそう語り、共に記者会見に臨んだJR西日本の吉江則彦・車両部マネジャー（五〇）も相づちを打って応えた。

二〇〇三年六月に共同開発を発表してから約二年。構想段階を含めると、六年の歳月をかけて完成させた十六両の車両には、0系から脈々と受け継がれてきた技術遺産と新たな技術が融合していた。

▼静かなデッキ

「Z0（ゼロ）」。N700系の先行試作車であることを示す編成番号で、両側の先頭車の乗務員扉の下側に黒字で印《しる》されている。

その扉に近づくと、先頭車の〈顔作り〉で悩んだ技術者たちの苦心が見てとれる。扉の下部が出っ張り、ぐにゃりと曲がった形をしている。

最高速度を三百キロに上げるのに伴って増す空気圧に対応するため、先頭形状を700系より一・五メートル長い十・七メートルにした上、断面積の変化も滑らかにする必要があったためだが、その結果、より複雑になった顔のしわ寄せが扉にふりかかった。

JR東海の鳥居昭彦・車両担当課長（四四）は、「本来ならあり得ない形」という。それでも扉はしっかり収納できるようになっている。設計の妙と加工技術の確かさが、扉に集約されている。

〈ニューフェース〉をじっくり見た後、視線を少しずつ後方へずらした。また、新しい技術が形になっていた。

デッキでの騒音抑制のため、車両間の透き間、連結部を覆う真っ白な全周ホロ。強く押してみる。しっかりとした弾力感が手に残る。

ホロに対する技術者の自信が、囲いを取り払った公衆電話にあった。「静かだから、ボックスのなかに入っていただく必要はない」（鳥居課長）という。工場内のレールに据えられた十六両は、長さ約四百メートルに及ぶが、ホロによって従来の新幹線より外観の凹凸は少なく、太い一本の線のようにつながっていた。

▼傾斜、細かく把握

公開のメーンは、車体傾斜のデモンストレーションだった。先頭車両の進行方向に向かって右側がわずかに上がった。本来は角度にして一度だが、報道用に一・五度（約七センチ）分上げた。

傾斜は、台車に取り付けた空気バネへの空気の出し入れで行い、二百五十キロでしか走れなかった東海道のカーブ区間を二百七十キロで滑らかに走る。しかし、二百七十キロで走る場合、一秒間に七十五メートル進む。十六両のなかには、傾斜している車両もあれば、そうでない車両もでてくる。タイミングを間違えば乗り心地の悪化につながっていくが、車両自体が、自らの位置をミリ単位で正確に把握できる新しいATC（自動列車制

共同会見でN700系の開発コンセプトを話す田中、吉江両氏（左から、ＪＲ東海浜松工場で）

グリーン車には、開け閉め自在な送風装置が試験的に装備されている

８色カラーのＬＥＤ（発光ダイオード）が使われた車内の情報案内装置。700系の2･4倍の大きさで、文字も最大で1･8倍になり、２段表示もできるようになった

車体傾斜のデモンストレーションが行われた。見た目にはほとんどわからない、わずか１度の傾斜が速度アップのカギ

グリーン車には、鳥居たち技術者が精魂傾けた座席が並ぶ

御装置）の開発が、こうした懸念を払拭《ふっしょく》した。まさに技術の融合だ。

車内に入った。もっとも注目されたのは、背もたれと座面が同時に動くグリーン車のいす「シンクロナイズド・コンフォートシート」。新幹線で初めて導入される。二〇〇四年五月下旬に座った時、背中に残った違和感はかなり解消されていた。

「今度は、乱暴に扱われても壊れないいすを目指します」。鳥居が笑った。

全周ホロは、マシュマロのように柔らかい感触

◎

三月十日深夜。先行試作車がJR浜松駅に滑り込んだ。メーカーからJR東海、西日本へ試作車

モックアップそのままに完成した運転席

初の公式試運転で、浜松駅を出るN700系先行試作車（2005年3月10日）

を納入するのにあたって行う試験走行で、公式試運転という。

　ここまで順調だった。しかし、まだ道半ば。田中が自らを、部下を戒めるように言った。

「開発や設計は、図面を作ったり、モノが出来上がったことを言うのではない。完成した車両が、しっかり、故障なく走れることが確認されて初めて『設計できた』というんです」

　本格的な試験走行は四月から。二年間で六十万キロ走り込む。在来線車両にはない厳しさだ。田中は、超高速で走ることの重みを、今改めて感じている。

（秦　重信）

工場搬出、ＪＲ東海浜松工場へ

日立製作所笠戸事業所から搬出される車体。先頭車両のそばを中間車両がクレーンにつられ、事業所の専用桟橋へ向かう

事業所の専用桟橋から、貨物船に積み込まれる中間車両。瀬戸内海から紀伊水道を抜け、約３日かけて愛知県豊橋港まで運ばれる

豊橋港に陸揚げされた車体は夜間、専用の大型トレーラーに載せられ、約50キロの道のりをＪＲ東海浜松工場へ向かう（豊橋市往完町交差点で。ＪＲ東海提供）

「浜名バイパス」の料金所を通過するN700系先頭車両（ＪＲ東海提供）

工場搬出、ＪＲ東海浜松工場へ

ＪＲ東海浜松工場に到着したN700系先頭車両（ＪＲ東海提供）

番外編

1　プレN700系新幹線つばめ試乗「新型ATC、加減速スムーズ」

二〇〇四年三月十三日に部分開業する九州新幹線、新八代（熊本）—鹿児島中央間百二十八キロを走る800系車両「つばめ」に先月末、試乗した。アップダウンが激しく、高速鉄道にとって難所が続くが、JR東海、JR西日本から、両社が共同開発中のN700系に導入する新しいATC（自動列車制御装置）などの技術協力を受け、乗り心地は従来の新幹線に比べて向上している。〈プレN700系〉ともいえる、つばめの実力を紹介する。

▼峠でも揺れは感じず

九州新幹線の全路線計画は、博多—鹿児島中央（二百五十七キロ）で、博多から今回の開業区間の新八代までは在来線の「特急リレーつばめ」に揺られた。約一時間四十分で新八代駅に着き、特急を降りると同じホームの反対側に「つばめ」が控

ホームを挟んで並んだ「リレーつばめ」(左)と新幹線「つばめ」(九州新幹線新八代駅で)

えていた。便利な対面乗り換えのできる国内初の試みだが、フル開業までの暫定措置だ。

白色をベースに赤い色と金色のラインを配した六両編成のつばめが、報道関係者やJR関係者らを乗せて発車。

すぐに上り、下りの勾配《こうばい》が連続するが、前後、左右の揺れはほとんど感じない。こうした乗り心地の良さには、新型ATCが大きく貢献している。約三キロごとに最高速度を定めた「速度信号」をレールに流す従来型では、ブレーキを何度かに分けて減速や停車をするので揺れを感じるが、新型は車両自体で現在位置をミリ単位で把握できるシステムとあって加減速はスムーズだ。JR西日本車両部の田尻義広担当マネジャー(四八)は、「前後の揺れもなく、よい乗り心地」と評価した。

一方、シラスという火山灰などによる特殊な地質が続く山地を通るため、線路の位置が高く設定されている。鹿児島中央駅近くでは三十五パーミル（千メートル走って三十五メートルの高低差）の傾斜となり、新幹線で最も急だった群馬、長野県境の碓氷峠を走る長野新幹線の三十パーミルを上回った。

三十五パーミルにさしかかった時、確かに「下り」を強く感じた。ＪＲ九州では、ＪＲ西日本の５００系（十六両編成）と同様に全車両をモーター車とし、さらに長い下り区間で速度が上がり過ぎないよう抑速ブレーキをつけ、急傾斜へ万全を期しているという。

片道三十四分。在来線では二時間十分かかっただけに、地元の足として大幅な時間短縮をもたらすだろう。ただ、高速化で駅間をできるだけ直線で結ぼうとしたため、トンネルが五十か所、区間の約七割を占めることになった。車窓からの眺めは今ひとつだ。

（秦　重信、増田弘治）

2　ルポ・韓国の超高速鉄道「ゆっくり加速、静かな車内」

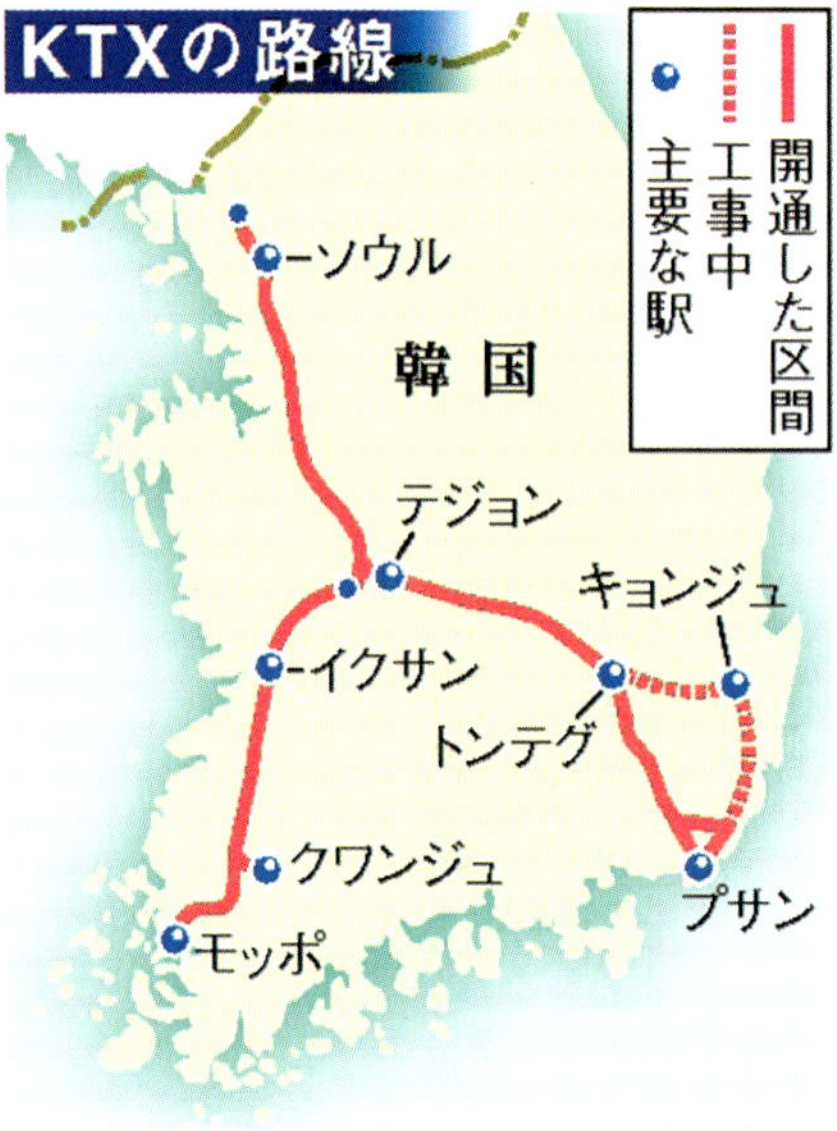

最高速度三百キロ、アジアでは日本についで二番目の超高速鉄道が二〇〇四年四月一日、韓国で営業運転を始めた。その名も「KTX（Korea Train Express）」。フランス「TGV」の技術を導入し、ソウルと釜山《プサン》を二時間四十分で結ぶなど、国内交通の一新を狙う。同国は、三百五十キロ走行が可能な車両開発にも成功しており、速度で日本の新幹線を抜く勢いだ。お隣の国の実力はいかほどか。〝敵情視察〟に出かけた。

▼最高速度三百キロ、横揺れも

日曜日の朝、家族連れやビジネス客で満席の列車に乗り込んだ。

定刻に発車したソウル発釜山行きのKTXは、実にゆっくりと静かに速度を上げていく。十八両の客車を、先頭と最後尾の電気機関車が引いて押す方式が特徴だ。加速には手間取るが、客車に動

《鋭い横顔》釜山駅の専用ホームに顔をそろえた列車。「ＫＴＸ」の文字の下にはハングルで「韓国高速鉄道」と書かれている（撮影はいずれも増田弘治）

《固定式の座席》一般車両の座席は固定されていて転回できない。中央部のテーブル付きの席を境に半分の乗客が進行方向とは逆向きになり、「300キロで走ると乗り物酔いする」と不評という

《車内サービス》飲み物の無料サービスがある。女性乗務員たちが、乗客１人ずつに声をかけてまわる

《純国産》営業最高速度が350キロという、韓国の「純国産」新型車両。ソウル—釜山間の沿線の車両基地に置かれていた試作車の撮影に成功した。2007年に運転開始予定という

力源のモーターが付く日本の新幹線に比べ、高速走行中も格段に静かだ。車内のテレビで流れるコメディー番組を見る乗客のくすくす笑いも、よく聞こえる。

「ソウルと釜山がたった二時間四十分なんて、すごいことですよ」

ソウルに住む韓国人の男性が、胸を張って言った。

両市間の旅は、バスが主流という。鉄道だと特急「セマウル号」でも四時間以上かかったから、KTXの速さは確かに際立つ。

新幹線と同様、専用軌道を走るが、現在はソウル—釜山間の半分近くが在来線と共用で、車両性能をまだ十分に発揮できない。二〇一〇年には残る専用軌道の工事を終え、二時間を切るダイヤを完成させる予定だ。

山間部を走るので、トンネルがかなり多い。車両の気密は考えられていると聞くが、トンネルに

入ると耳がツンとした。台車（車輪）のバネ装置の特徴か、船に乗った時のような横揺れを感じる。
途中停車駅で最大五分、釜山到着は三分遅れた。日本の鉄道に慣れた者にとって、この点に一番はらはらさせられた。

（増田弘治）

3 リニアモーターカー試乗記「時速五百キロ、飛ぶ景色」

「中央新幹線」という、東京―大阪間を結ぶJRの交通路線構想がある。超電導で車体を浮かして走るリニアモーターカーがこの路線を走り、両都市間をわずか一時間で結ぶ計画だ。そのためには、時速五百キロという超高速で列車を走らせる必要がある。二〇〇四年五月、山梨県都留市にある走行実験施設を訪ねた。二〇〇三年十二月、人を乗せて時速五百八十一キロを記録したリニアモーターカーに試乗するためだ。新幹線の二倍近い速度、これはさすがに速かった。

▼ふわっと浮遊感、押しつけられる加速力

実験施設でリニアモーターカーの試験を行うのは、JR東海と鉄道総合技術研究所（鉄道総研）。十八・四キロの実験線で、相対速度千三キロの列車すれ違い走行など、様々な実用的な条件を設定して、七年前から試験を続けている。ここでは試験を公開し、一般の人々も試乗できる。試乗会は一九九八年五月に始まり、以来、延べ七万千六百人が参加した。記者もこの試乗会に加わった。親子連れでいっぱいの施設。まるで、テーマパークの様相だった。

上方にスライドして開いた入り口から客室に入る。チューブ状の車両は小型旅客機のような雰囲気だ。座席は片側二列で、最新型新幹線のものとそっくり。

列車は四両編成。最高時速三百、四百、五百キ

2002 年に登場した新型車両。先頭部の長さが従来の 9・1 メートルから、23 メートルに伸ばされている
空力特性や車両運動性能を試験するためだ

みるみる数字が上がる速度計にカメラを向ける
試乗会参加者

実験線を疾走するリニアモーターカー（ＪＲ東海
提供）

ロの三段階で運転する。最初はゴムタイヤで走り、百六十キロを超えると飛行機が離陸するように車輪を収納する。ふわっと浮く感じが体に伝わり、

「中央新幹線」予定ルート（リニア中央エクスプレス建設促進期成同盟会資料より作成。(C)ＴＲＩＣ）

足元から聞こえていたガタガタという音が消える。

加速力は７００系新幹線の四倍以上というだけあって、発車すると体が座席にぐっと押しつけられる。

あっという間に最高速度に達した。ほとんどがトンネルで、外の景色が見られるのは一・二キロ。五百キロだとわずか八秒。この間、窓の外を凝視したが、文字通り景色は飛び去った。

実験線の脇でも五百キロで走る〝雄姿〟を見たが、構えたビデオカメラにすら一秒も映っていなかった。

実は、リニアモーターカーはすでに中国・上海で、最高速度四百三十キロの世界初の営業運転が始まっている。技術的には完成しながら先を越された日本では、実現化のための資金が八兆円とも十兆円とも言われ、当分は「夢の交通機関」が続く。

（増田弘治）

N 700 系開発に参加した人々（設計会議出席メンバー）

ＪＲ東海新幹線鉄道事業本部車両部車両課

川崎重工業　車両カンパニー技術本部

ＪＲ東海新幹線鉄道事業本部車両部車両課N700試験走行チーム

ＪＲ西日本鉄道本部車両部

N 700 系開発に参加した人々（設計会議出席メンバー）

三菱電機　伊丹製作所　車両システム部

ＪＲ東海　総合技術本部技術開発部　環境・高速化チーム（小牧研究所）

日立製作所　電機グループ　交通システム事業部　笠戸交通システム本部

日本車輌製造　鉄道車両本部

II 新幹線物語

第一章　夢に向かって

1　三人の技術者、高速化に情熱

▼「夢の超特急」誕生から二十五年

東海道・山陽新幹線が全線開通して二〇〇〇年十月で二十五年。東海道新幹線で東京―大阪間が三時間十分で結ばれ、「夢の超特急」と呼ばれた。新幹線の最高時速は二百十キロから三百キロへとなり、営業の総延長距離は七線、二千三百キロまで延びた。さらに、その技術は台湾へ輸出されることにもなった。今世紀に日本が世界に誇る技術を生み出した背景を、技術者たちの姿を通して伝えたい。

◎

クリーム色の車体に赤いラインの入った九両編成の特急「はと」が、鉄道ファンのカメラの放列を縫うようにJR新大阪駅のホームから滑り出した。山陽新幹線の全線開通二十五年を記念し、二〇〇〇年八月二十六日朝、開通前に在来線の東海道・山陽線を走っていた「はと」を復活運転させた時の一コマだ。

世界最速の新幹線「500系のぞみ」なら二時間十七分で駆け抜ける距離を四倍以上の九時間四十一分かけて、博多まで行く長旅。車内は親子連れやオールドファンで満席。年配の人からは「のんびりした旅もたまにはいい」と満足そうな声が聞こえ、「鈍行列車」に揺られた。

▼軍隊から転身、平和利用を

終戦後、鉄道は戦災復興の柱としてスピードアップを求められた。

「超高速車両を開発せよ」

その命にこたえたのは、旧陸海軍から国鉄の鉄道技術研究所（現鉄道総研）へ入った、戦闘機や兵器などを開発した約千人の技術者たちだった。

このなかに、初代新幹線「0（ゼロ）系」の先頭車両を設計した三木忠直（九〇）、信号による自動列車制御装置（ATC）を考えた河辺《かわなべ》一（八五）、高速運転に耐える台車を作った松平精《ただし》（故人）がいた。いずれの技術を欠いても新幹線は日の目を見なかった。

「自分たちの技術を平和利用に役立てたい」。敗戦によって一度は挫折した技術が、世界でも名高い「SHINKANSEN」へと結びついていった。

しかし三人にとって、当時の同研究所の施設や研究環境は、世界でも最先端の研究設備が整っていた軍隊時代に比べて、満足いくものではなかった。

生前、松平は苦笑しながらこういった。

「建物はバラックのような粗末なもの。理論的にも鉄道の世界は遅れていた。何より、考え方が保守的だった」

しかし、四九年から八年間、研究所長を務めた

1950年に登場した特急「はと」からほぼ半世紀。3倍以上にスピードアップした「500系のぞみ」が登場した

山陽新幹線新大阪—博多間の開業25周年を記念してリバイバル運転された特急「はと」。軽やかなリズムに送られて博多に向けて出発した（2000年8月26日、大阪駅で）

大塚誠之（故人）が研究環境を一変させた。三木は、「大塚さんの口癖は『研究者は勝手に好きなことをやらなくてはいけない』だった。だからタイムレコーダーは廃止され、研究に没頭できるようになった」という。

新幹線計画はまだ浮上していなかったが、特急はと、つばめでも最高時速が九十五キロの当時、三人の研究テーマは期せずして「スピードアップ」に絞られていった。

◎

神奈川県逗子市のＪＲ逗子駅から歩いて五分ほどの閑静な住宅街。その一角に居を構える三木は、「はと復活」のニュースを感慨深げに聞いた。

「ゆっくり走ることを楽しむか。我々のころはいかに速い車両を作るかだったから隔世の感があるね」

そして、「あれが新幹線開発への転機だった」とぽつり。三人が口をそろえる四十年以上前のある講演会に思いをはせた。

2　三時間への挑戦

▼講演会盛況、建設へ弾み

一九五七年五月三十日。国鉄の鉄道技術研究所創立五十周年を記念した講演会「超特急列車　東京―大阪間三時間への可能性」が、東京・銀座の山葉ホールで開かれた。

四人が演壇に立った。うち、根っからの〈鉄道屋〉は「線路について」を発表した星野陽一・軌道研究室長だけで、あとは旧陸海軍の〈異能集団〉。海軍出身の三木忠直・客貨車研究室長（九〇）が「車両について」、同じく海軍出身の松平精《ただし》・車両運動研究室長（故人）が「乗り心地と安全について」。そして、陸軍出身の河辺一《かわなべ》・信号研究室長（八五）は「信号保安について」、それぞれ研究成果を発表した。

特急つばめの最高速度が九十五キロで、東京―大阪間が七時間半だった当時、最高時速を二百五十キロと設定し、技術的には三時間で結べるというセンセーショナルな内容だった。それぞれがスライドを使いながら二十分程度、丁寧に説明した。自信に裏打ちされて淡々と話す様子に会場はどよめき、そして最後は盛大な拍手に変わった。

一般向けだが専門的な技術論が中心。朝からの雨も手伝って人が集まるのか、との心配をよそに五百人収容のホールは、入場を断るほどの超満員。思わぬ反響は、新幹線建設へ向けて大きな追い風となった。

超満員となった講演会（国鉄・鉄道技術研究所創立50周年記念講演会「超特急列車　東京―大阪3時間への可能性」。鉄道総研提供）

演壇に立った技術者たちは40年以上たった今もあの時の熱気を忘れられないという（国鉄・鉄道技術研究所創立50周年記念講演会「超特急列車　東京―大阪3時間への可能性」。鉄道総研提供）

▼総裁代わり光明

講演会が開かれるまでには曲折があった。東京―大阪間を三時間で結ぶ計画は、鉄道省が四一年にまとめた「新幹線建設基準」にまでさかのぼる。東海道に新線を敷設し、最高速度を二百キロに設定。ここに「新幹線」という名が初めて登場した。しかし、第二次世界大戦で計画はとん挫。しばらく計画は眠ったままになっていた。

ところが、講演会より二年前に、「新幹線生みの親」と言われる十河信二が国鉄総裁に、島秀雄が技師長にそれぞれ就任。翌年には総裁審議室によって計画をより具体化させた「東海道広軌鉄道計画」が作成された。

計画に光が差した。

講演会を企画した当時の鉄道技術研究所長・篠原武司（九四）はこの時の様子を、六七年に同研究所が刊行した「十年のあゆみ」のなかでこう書いている。

「聴衆もきわめて熱心で多大な感銘を与えることができ大成功を収め、各新聞とも大きく報道した。……そのような鉄道が可能ならば大いにやるべしという世論の支持を受けながら、十河総裁により新幹線建設の断は下されたのであった」

講演会の翌年には、国鉄の幹線調査会が運輸大臣へ「東海道新規線建設はあらゆる施策に先行」という最終答申を行った。

講演会はまさに時代の要請だった。河辺はあの時の熱気を懐かしそうに振り返りながらつぶやいた。

「技術的には講演会で発表されたものすべてが新幹線に導入されたんです」

3

団子鼻と戦闘機

▼特攻機開発を悔恨

「世にありては艱難《かんなん》あり　されど雄々しかれ」

神奈川県逗子市にある元国鉄鉄道技術研究所（現鉄道総研）の客貨車研究室長、三木忠直（九〇）の自宅。応接間の壁には、聖書の一節をしたためた短冊が張られてある。ほかにも命の尊さ、人生を語りかける格言が目につくところに配されているのは、海軍航空技術廠《しょう》時代の深い悔恨があるからだった。

三木は一九三三年、東京帝大（現東京大）工学部船舶工学科から海軍に入った。飛行機の機体設計を担当し、四二年には、不世出の名機といわれる高速爆撃機「銀河」の設計担当主務を務めた。が、大戦末期、戦況の悪化とともに上層部から非情な命令が下された。

特攻専用機「桜花」の開発だった。先頭に一トン爆弾をつけてそのまま敵艦に体当たりする〈人間爆弾〉の開発。

「爆撃機はパイロットが『決死』の覚悟で敵艦に攻撃を加えて逃げるが、特攻機はパイロットに『必死』を求めるだけだ。それは技術の否定にほかならない」

命令とは言え、自分の設計した飛行機で幾人もの若い命が海に散ったことにどうケジメをつけるか。苦悩する日々が続いた。

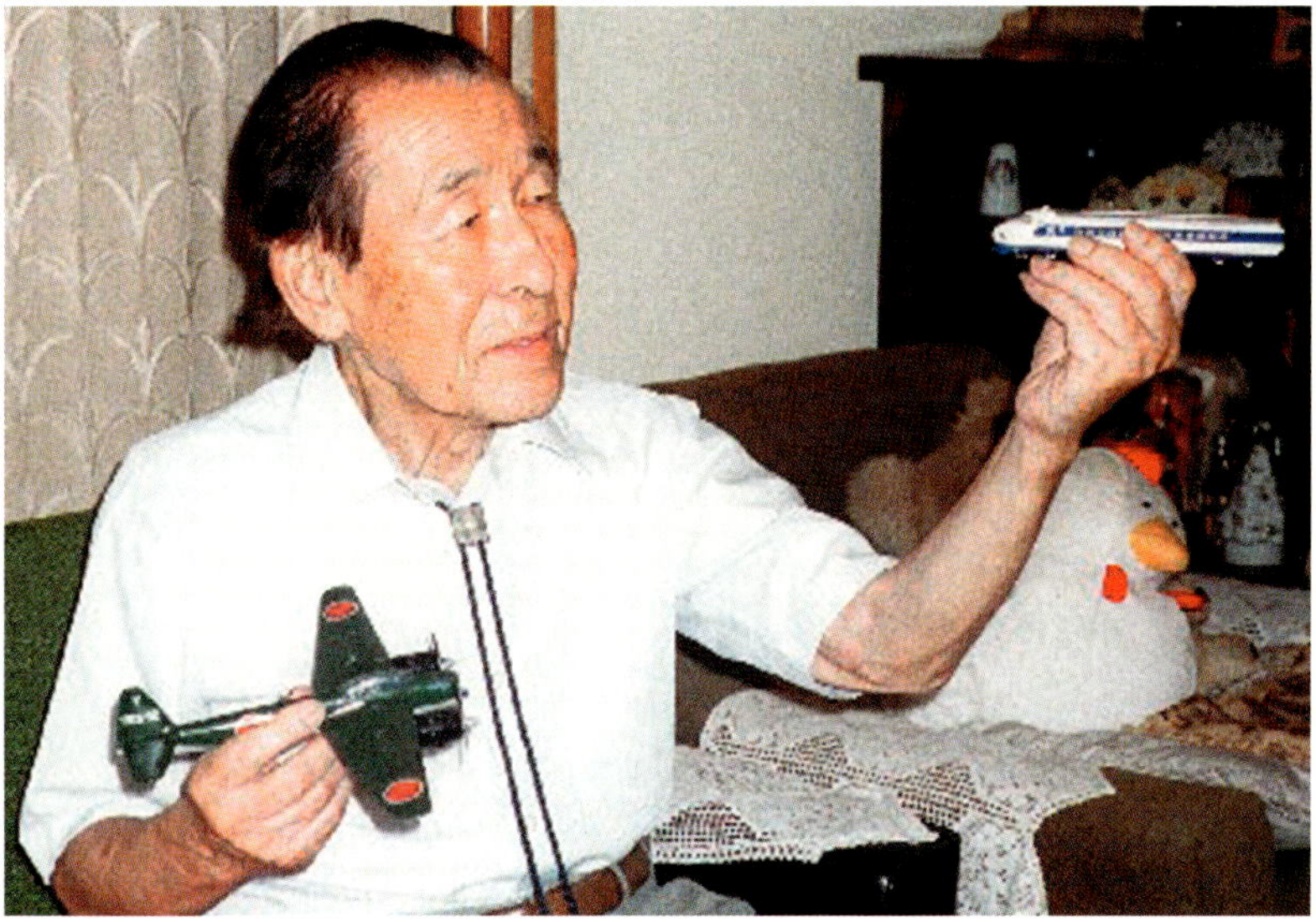

新幹線と銀河の模型を手に、技術者としての人生を振り返る三木

試行錯誤の末に完成した団子鼻の車両。試運転は成功し、実用化にメドがついた
（1963 年、神奈川県の鴨宮モデル線で。 交通科学博物館提供）

▼「技術を平和に」願い結実

終戦後、三木はクリスチャンの洗礼を受け、自らの技術は平和のみに使うと誓った。航空自衛隊からの技術部長就任要請など、〈兵器〉に関係するところからの申し出はすべて断り、近くの教会に通う傍ら、高速車両の開発に心血を注いだ。

三木の設計思想は単純明快だった。「美しい形をしたものは速い」。五七年の講演会で目標とした時速二百五十キロを出すには、先頭形状の流線型化と軽量化しかないと考え、銀河、桜花を作った飛行機開発の技術を駆使した。

「高速になれば必要な馬力の大部分が空気抵抗対策に費やされる」と、部下に幾度も模型を作らせ、風洞実験を繰り返しては、空気抵抗を減らすことに全力を挙げた。

今ならコンピューターでできる計算も、当時は実験で抵抗係数を細かく調べ上げた。空気抵抗が従来の車両の半分になった時、先端のとがった部分が約五メートルある、あの団子鼻の「0（ゼロ）系」になっていた。

六三年三月三十日、神奈川県小田原市に新幹線用に作られた鴨宮モデル線で、新幹線試作車は時速二百五十六キロを記録した。講演会での「二百五十キロ宣言」から六年がたっていた。

しかし、晴れの舞台に三木の姿はなかった。前年、国鉄を去り、民間会社でモノレール開発に取り組んでいた。

「私の計算では二百五十キロはもう達成した数字で、見なくても結果はわかった。未知の技術の方に興味があった」とほほ笑んだ。

戦闘機から団子鼻の車両へ。自らの技術を平和に利用したいという三木の願いは新幹線で結実した。

4 ＡＴＣ、安全支えるシステム

▼超高速をコントロール

速度が上がれば上がるほど、事故の起きる危険度は増していく。

列車、飛行機、自動車などすべての乗り物に課せられた宿命を、新幹線は自動列車制御装置（ＡＴＣ）によって克服してきた。

「どんな高速でもコントロールできる」

元国鉄鉄道技術研究所（現ＪＲ総研）の信号研究室長・河辺一《かわなべ》（八五）が、新幹線の安全を根底から支えるこのシステムを開発するまでには多くの困難があった。

▼音声周波が成功へのカギ

陸軍で風船爆弾などの兵器の開発に取り組んでいた河辺は、一九四五年八月六日の広島原爆投下の日、爆心地から少し離れた小学校にいた。教室で米軍の機雷探知装置を研究している時、せん光が目の前を走った。

「投下の一週間程前に爆心地近くから引っ越したばかりだった。校庭へ出ると、キノコ雲が上がり、すぐに黒い雨が落ちてきた。瀕死《ひんし》の人たちを乗せたトラックが何台も学校へ来た。もし、引っ越していなかったら……」

戦争のむごさに身を震わせた。

「技術者として幸せな人生だった」という河辺

この年の暮れ、鉄道技術研究所に入った。しかし、戦争の影を引きずった。「公職追放」に苦しめられたのだ。

「鉄道の場を去ろう」

何度か考えたが、当時の上司が論文を書けば、研究所から委託研究費が出るよう取り計らってくれた。妻子がおり、収入は不定期で生活は苦しかったが、来る日も来る日も鉄道信号関係の研究に没頭し、論文を書き続けた。

五二年の対日講和条約で公職追放が自然消滅するまでの六年間。身分が保障されないまま続けた地道な研究が、正式に研究所員となってからの高速車両開発で花を咲かせることになる。

在来線では運転士が「赤」「青」「黄」の地上信号に注意して走るが、五七年の講演会で設定された最高速度二百五十キロなら秒速約七十メートルにもなり、人間の注意力の限界を超える。

「速度をコントロールするシステムを構築するしかない」

河辺は、約三キロごとに最高速度を定めた「速度信号」をレールに流して、一キロでもオーバーすれば自動的にブレーキがかかるＡＴＣを考え出した。

「信号を送るのに、世界で初めて一キロ・ヘルツとか二キロ・ヘルツとか、耳で聞こえる音声周波を使ったのが成功へのカギだった」

と振り返る。

ＡＴＣの性能を在来線で調べる河辺(中央)。不運の時代を乗り越え、画期的な安全システムを確立した（1957年2月、神奈川県内で。河辺さん提供）

▼ＡＴＣ開発は技術者冥利

東海道・山陽新幹線は一日あたり、上下約四百七十本もの営業列車が、最高時速三百―二百十キロで走行している。

ＪＲ西日本鉄道本部の田中雅史電気部主幹（五二）は、「災害にも強く、非常にすぐれた画期的なシステム。よくあの当時で考えついたものだ」と感心する。

五十五年前、命を拾った。そして、技術者冥《みよう》利《り》に尽きる、とも言える安全システム、ＡＴＣを作り上げた。

河辺はしみじみと言った。

「このまま死んでも何か一つ残せた。それは幸せですよ」

5

理論家VS鉄道屋

▼新技術、積極的に採用

二〇〇〇年八月四日、元国鉄鉄道技術研究所長（現鉄道総研）の松平精《ただし》が逝った。九十歳だった。

鉄道技術研究所時代の思い出について語る松平。9日後、帰らぬ人となった（2000年7月26日撮影）

戦中は海軍で零戦の、戦後は研究所で新幹線の振動を抑える研究で名をはせた技術者の訃報《ふほう》は全国紙で伝えられた。

亡くなる九日前。東京都内のマンションの一室で、ソファに深く身を沈めた松平は、フランスで起きた超音速旅客機コンコルドの墜落事故を伝える新聞記事に見入っていた。

「この年齢になっても、技術に関する興味は尽きないんですよ」

口調は穏やかだったが、凛《りん》としたたたずまいは威厳に満ちていた。そして、遠くを見つめるように、研究所時代の「熱き日々」を語った。

一九六四年の東海道新幹線開業を前に、空気抵抗を従来型車両の半分にした団子鼻の先頭車両、自動列車制御装置（ＡＴＣ）といった高速運転に必要な技術が確立されていくなか、最後に残った難題は、高速による振動に耐える台車の開発だった。当時、車体運動研究室長としてこの問題に取り組んでいた松平は、ただ走れるようにするのではなく、乗客の乗り心地を良くすることも求められた。

しかし、「模型で実験をすると、最初に車体が大きく揺れ、速度が上がっていくと車輪の揺れがひどくなる。蛇のように左右に振れる『蛇行動』が、速度に換算すると二百何十キロになると現れ始めた」。この振動をどうすれば止められるか。

ちょうどそのころ、米国の自動車に空気バネが利用されているという情報が入ってきた。「これだっと思った」。空気バネは柔らかくすればするほど、乗り心地は良くなる。空気圧を加減すれば、十分応用できることが分かった。海軍時代に培った「新しい技術を積極的に取り入れる」という柔軟な姿勢が、車輪の振動を抑えながら、乗り心地もよくするという二つの懸案を解消させた。鉄道専門の技術者では考えつかないことだった。

▼〝常識〟と闘う

振り返れば研究所時代の松平は「鉄道の常識」との闘いだった。研究所に入って間もないころ、山口県内の山陽線・光―下松駅間で起きた脱線事故の調査を命じられた。松平は「蛇行動」を起こして脱線したと推論したが、古くからの鉄道技術者はレールの曲がりに問題があったと、冷笑した。

この時、レールに見立てた車輪（仮想レール）の上に、車両の車輪を乗せ、仮想レールをモーターで回す模型を作った。ある速度に達すると上の車輪が左右に振れ出す様を目の当たりにした鉄道技術者は、反論の矛を収めた。

六三年三月、神奈川県内の鴨宮モデル線で、二百五十六キロを出した新幹線試作車に松平は乗車した。途中、「蛇行動」は起きたが慌てなかった。

「脱線までには至らないということが、それまでの実験でわかっていたからね」

高速と安全。一見相反するテーマを両立させたことについてこう言った。

「どういう状態が安全であるかをしっかりと見極めて、研究すれば問題はない」

理論家・松平はどこまでも冷静だった。

6 開業、精鋭運転士四十人養成

▼恐怖感じる速さ

一九六四年十月一日午前五時三十分。まだ、薄暗い新大阪駅の四番ホームは、大勢の報道陣と乗客らであふれた。東海道新幹線開業の日。アイボリーホワイトにブルーの窓枠の「夢の超特急」ひかり号の周囲は華やかな雰囲気に包まれた。

盛大な開業式が行われた後の午前六時、同駅から「ひかり2号」、東京駅から「ひかり1号」と、それぞれの一番列車が高らかな警笛とともに滑り出した。ひかり2号の運転席には当時三十一歳の大石和太郎（六七）（埼玉県久喜市）、関亀夫（六七）（神奈川県山北町）の二人がいた。

「止まるなら、ホームから見えないところで止まれよ」

関は運転士仲間から受けた冷やかしを思い浮かべ、緊張がほぐれていくのがわかった。

新幹線の運転士の養成は、開業二年前から急ピッチで進められた。

国鉄では経験年数が二年以上の運転士を選抜、さらに適性検査や学力試験でふるいにかけた精鋭約四十人を、神奈川県の鴨宮モデル線近くに設置した「中央鉄道学園小田原分所」で鍛えた。

大石は五三年、国鉄に入り、蒸気機関車（SL）のかまたきの後、電車の運転士に。東海道線では東京―大阪を走る、当時最速の特急「こだま」にも乗った。「SL、電車、新幹線と列車百年の歴史をわずか十年で体験できて幸運だった」と回想する。

一年先輩の関は、新幹線の試作車に乗った時の印象を今も覚えている。「風を切る音がゴーゴーと、それまでの電車とは全く違った。恐怖を感じる速さだった」。カルチャーショックを受けたという。

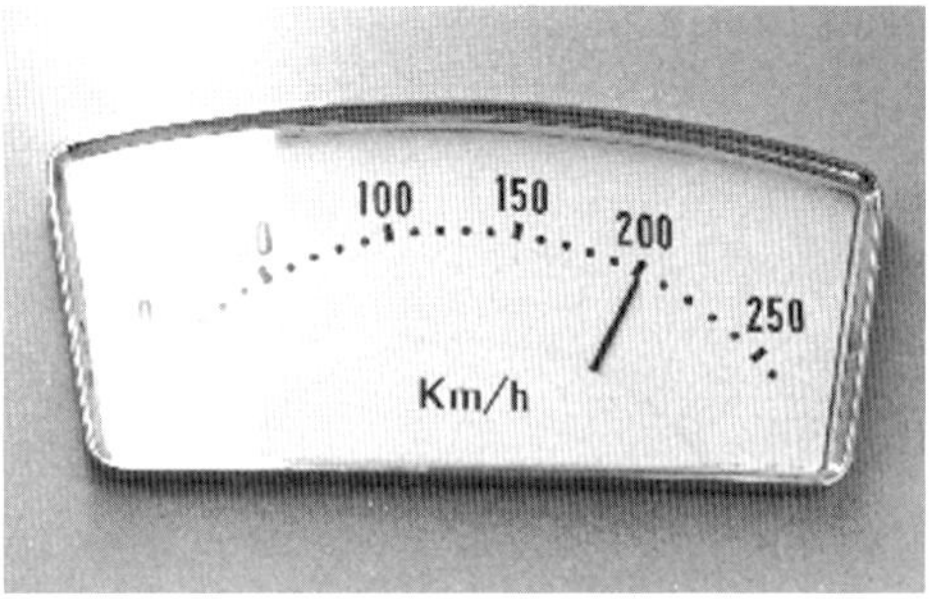

時速200キロを表示する新幹線客室内のスピードメーター（1964年。交通科学博物館提供）

▼一番列車の重責と誇り

二人が一番列車の乗務を言い渡されたのは開業二週間前。関は、「二人とも物おじしなかったから選ばれたのかな」。大石は、「妻は『海のものとも山のものとも分からないものに乗るなんて』といい顔をしませんでした。まだ、その程度の信用度だったんです」。二人とも笑い話のようにさらりと言うが、国鉄内では緊張が高まっていた。

開業後、すぐに全世界が注目する東京オリンピックが控えていただけに、一番列車の運転士は、失敗は許されない重責だった。

ひかり2号は京都、名古屋と定刻通りに着き、順調だった。豊橋を過ぎて予定通り1号とすれ違い、浜松で運転士は大石から関へと代わった。しかし、新横浜を通過して、二人は誤算に気づいた。所定より五分早く走っていたのだった。

新大阪駅の4番ホームで行われた東海道新幹線の開業式。ホームは大きな拍手と歓声に包まれた（1964年10月1日。交通科学博物館提供）

「試運転でよく故障したから、故障するだろうって早めに走っていたんです」と大石。当時、東京―新大阪は四時間要したので、出発前に「くれぐれも定時の十時に着け」との厳命を受けていた。早過ぎても遅すぎても許されなかった。きっちり四時間が要求されていたのだ。

二人は、品川付近で極端にスピードを落として「時間稼ぎ」をした。隣の山手線に抜かれてしまった。「夢の超特急が在来線に負けちゃって、まずいな」と顔を見合わせ苦笑し合ったという。

あれから三十六年。二人は齢《よわい》を重ねるごとに、一番列車を任されたことを誇りに思っている。

7 未来への遺言

▼米国から「歴史的な偉業」の評価

「Many many thanks. 新幹線という言葉がそのまま高速鉄道を意味するようになったのは名誉です」

元国鉄鉄道技術研究所（現鉄道総研）の客貨車研究室長の三木忠直（九〇）の年齢を感じさせない甲高い声が、名古屋市内のホテルの会場にこだました。

二〇〇〇年七月十三日。東海道新幹線が米国の機械学会から「ランドマーク賞」を、電気電子技術協会から「マイルストーン賞」を、それぞれ受けたのを記念した授賞式。両賞は電気や機械の分野で「歴史的な偉業」と認められる技術に贈られる国際的な賞で、高速鉄道の受賞は初めてだった。

流線型の先頭車両を設計した三木は、振動を抑える台車を考えた松平精《ただし》（故人）、自動列車制御装置（ＡＴＣ）を生み出した河辺《かわなべ》一（八五）とともに開発者の一人としてＪＲ東海から招待され、米国などで〈ＳＨＩＮＫＡＮＳＥＮ〉が、「高速鉄道に伴うシステム」と訳されていることに、ちょっぴり誇りを感じながら謝意を述べた。

そして、この式は三人が顔を合わせる最後の機会となった。

▼「技術は人を幸せにする」

マイルストーン賞とランドマーク賞の2つの授賞式に出席した河辺、松平、三木の各氏(左から)。3人が顔をそろえたのはこれが最後となった(2000年7月13日、名古屋市内のホテルで)

一九六四年の開業以来、東海道新幹線の総走行距離は、二〇〇〇年春までに約十三億キロに達した。延べ三十六億人を運ぶ間、大きな事故は一度もない。

この安全な高速鉄道システムの礎を作り上げた三人にとっても、現在の発展ぶりは想像できなかったという。松平は式に参加するため初めて最新型の「のぞみ７００系」に乗り、その静かさに驚いた。「振動が少なくなったなあと感心した」。

三木や河辺も、開業当初は一時間あたり、ひかり、こだま各一本だったダイヤが、今ではのぞみ一本、ひかり七本、こだま三本と、超過密になっていることに、「通勤にも使われるなんて考えも及ばなかった」とバトンを受け継いだ後輩らを素直にたたえた。

しかし、同時にその発展の陰で技術者が持たなければいけない、技術に対する畏敬《いけい》の念が薄れていることも危惧《きぐ》している。

十河信二のレリーフと、「一花開天下春」と刻まれた記念碑は、東京駅19番ホームの大阪寄りに建立されている

一九九九年に相次いだトンネル内でのコンクリート片落下事故に対する、松平の見方は厳しかった。

「実際に技術を取り扱っている人が緊張感に欠けているような気がしてしようがない。安全策も考慮して現場の人間が本気になってやれば、ああいう事故は起きない」

授賞式から一か月足らずでこの世を去った松平の文字通りの〈遺言〉だった。

三木はこう言った。「技術は本来的に人を幸せにするものだ。絶対にそうでなくてはならない」。旧陸海軍から転身した三人の技術者の共通する願いをどう受け止めるか。

◎

ＪＲ西日本会長の井手正敬（六五）は、「衰退期に入ろうとしていた日本の鉄道は、新幹線によって救われた。これだけの遺産を我々はさらに発展させていかなくては」と身を引き締める。

東京駅十九番ホームの記念碑には、新幹線生みの親、十河信二のレリーフとともに、次の一文が刻まれている。

「一花開天下春」。まさに、国の大動脈となった東海道・山陽新幹線は、「ひとつの花が天下に春を開いた」との意味通り、日本の経済成長に大きな貢献を果たしたのだった。

第二章　進化する車両

1　のぞみ登場

▼第二の革命、ハイテク300系

一九六四年に「0系」でスタートした新幹線車両は現在、東海道・山陽区間で〈第五世代〉の「700系」に到達した。来世紀へ向け、最高時速五百五十キロのリニアモーターカーの研究も着々と進んでいる。車両の進化の軌跡を追う。

◎

「まあ良かったです。でも、ドイツのリニアより騒音はやや大きいと感じました」

二〇〇〇年十月十六日、山梨県内の実験線でリニアモーターカーの試乗を終えた中国の朱鎔基首相はにこやかな表情で感想を述べた。

東海道新幹線でスタートした高速鉄道の歴史は、超電導磁石を用いたこの〈究極の鉄道〉の研究に着手するまでにいくつかの技術的なターニングポイントがあった。なかでも、JR関係者が「開業

開業以来のフルモデルチェンジとなった「300系」

以来の第二の革命」と口をそろえるのが「３００系のぞみ」の登場だった。

▼民営化で意思決定〝速く〟

八七年の国鉄の分割・民営化後すぐに、ＪＲ東海は「速度向上プロジェクトチーム」を発足させた。最高速度を「１００系」より一気に五十キロアップして二百七十キロとし、新大阪—東京間を約二十分短縮して二時間三十分で走ることを目標とする「スーパーひかり」構想を掲げた。

しかし、スピードが上がれば、周辺環境は悪化する。住宅地などを通過するため、騒音は環境庁の暫定値で線路中央から二十五メートルで七十五デシベル以下、地盤振動は七十デシベル以下に抑える必要があった。しかし、１００系で二百七十キロを出すと、規制値をはるかに超えてしまい、車体の大幅な「ダイエット」が必要になった。

開発を任されたのは当時、同社車両課長で、朱鎔基一行にリニアの概要を説明した鶴賀仁史・超電導磁気浮上式鉄道山梨実験センター所長（五二）。八八年六月から実験に着手したが、「どれだけ軽くすればいいか見当がつかず、0系車両のいすを全部とっぱらい、重りをつけたりして重量を三段階に分けて、真夜中に名古屋―豊橋間を何度も走り、データを取り続けました」。

300系を開発した鶴賀仁史・超電導磁気浮上式鉄道山梨実験センター所長

試行錯誤の結果、一両あたりの重量を100系の四分の三、約四十五トンにすれば環境問題はクリアできることがわかった。次は元大相撲の小錦約六十人分に相当するダイエットをする一方で、パワーアップを図らなければならないという困難なテーマ。しかし、テクノロジーの進化が、大きな壁を打ち破った。

鉄製車体と剛性の変わらないアルミ車体の開発。空気バネを改良して乗り心地を維持するとともに約十トンから六・六トンまで軽量化した台車。パワーをアップさせながらも約二分の一に軽量化した小型の交流モーターなど、開業当時では考えられない素材、エレクトロニクスの進歩が〈第二の革命〉を支えた。

0系の台車を開発し、高速台車の難しさを知り抜いた元国鉄鉄道技術研究所所長の松平精《ただし》（故人）は二〇〇〇年夏、この世を去る前に300系の台車について「本当によく勉強した」とたたえた。新幹線は、300系の登場から新たなスタートを切った。

朱首相の来る二週間ほど前、甲斐の美しい山々が望める山梨実験センターの応接室で、鶴賀は300系開発の一番の思い出を苦笑まじりに振り返った。

「八八年の実験は、計画から実行まで三か月半でできた。費用は約一億円。国鉄時代ならいろいろなところを回って、たくさんの判子をもらうだけで二年はかかった。車両も速くなったが、組織の意思決定も速くなった。これが民営化効果なんだとつくづく思った」

▼開業後の流れ

旧陸海軍の技術者らが中心となって開発した新幹線は、開業してすぐに、国民の生活、経済に欠かせないものとして位置づけられるようになった。

しかし、旧国鉄の〈放漫経営〉による多額の借金や労使問題は年を追うごとに顕在化し、赤字は雪だるま式に膨張。六四年の0系から八五年の100系まで、わずか十キロの速度アップしかできず、旧国鉄の末期は、「高速鉄道の本家」としての面影はもうなかった。

一方、「SHINKANSEN」の成功に刺激を受けたヨーロッパ各国ではスピードアップの研究が進み、実験とはいえフランスのTGVは九〇年に時速五百十五キロというとてつもないスピードを記録、ドイツのICEも八八年に四百キロを突破した。

しかし、国鉄の分割・民営化で事態は大きく変わる。「スピードこそが最大のサービスだ」という意識がJR各社の間で高まり、新幹線のスピードアップにしのぎを削るようになっていった。

2

世界最速の壁

▼営業運転三百五十キロに挑戦

JR東海の300系のぞみが華々しくデビューした一九九二年三月、山陽新幹線を運営するJR西日本は世界最高速の営業運転三百五十キロを目指して「試験実施部」を設置し、スピード競争に本格参戦した。試験車両は三百五十キロを勝ち取るという意味を込めて「WIN350」と名付けられた。

江良英明・博多新幹線列車区係長

300系をベースに紫色とライトグレーの二色に、コバルトブルーのラインをあしらった「WIN350」の走行試験が、山口県の小郡—新下関間の約五十キロで開始されたのは、九二年六月八日だった。以来、週三日、営業運転を終えた深夜に一日あたり二往復の〈走り込み〉が始まった。

運転士は、博多新幹線運転所所属だった江良英明・同新幹線列車区係長（四二）ら、博多、広島、大阪の各運転所から選ばれた六人。

「面白そうなことができる」

江良は試験運転士になった時の気持ちをそう語

った。先頭部はジェット機のようにとがり、１００系より四メートル長い十メートル。運転席も１００系より目線が低くなり、体感速度はぐんと増したという。

　六両ある車内には、速度をはじめ、揺れ具合などをチェックする様々なデータ機器が積み込まれた。

　八月六日に三百四十五・八キロ。そして、その二日後、当時としては国内最高の三百五十・四キロが午前一時十一分に記録された。当番運転士だった江良は、その時のことを今でも鮮明に覚えている。

　「上りの厚狭《あさ》駅を越えたあたり。ややカーブしていて外へ振られる感じがした。デジタル速度計がどんどん上がって三百五十キロを確認した時、あーやったんだと思った」という。

▼蓄積データ、５００系で花咲かす

当時、技術開発室の高速化担当室長で、四両目に乗っていた岩本謙吾・台湾高速鉄道本部車両部長（五三）は、「特に感慨はなかった。ポテンシャルでは十分、三百八十キロ以上で走れることがわかっていたから」と、クールに振り返った。

　しかし、いいことばかりではない。限界も明らかになった。パンタグラフから発生する風を切る音がどうしても抑えきれず、環境庁の基準値を

当時、国内最高記録の350・4キロを出した瞬間（1992年8月8日。ＪＲ西日本提供）

技術者に多くの教訓を与えた「ＷＩＮ350」（ＪＲ西日本提供）

上回ってしまう。フランスのＴＧＶなど広大な野原を突っ走るヨーロッパの列車なら問題にならないが、住宅地を走る新幹線では三百五十キロの営業運転は、断念せざるを得なかった。

しかし、当時副社長として高速化の陣頭指揮にあたった井手正敬会長（六五）は、「スピードの追求は交通機関の使命。これからも三百五十キロは追求していく」という。

「ＷＩＮ３５０」の先頭車両は現在、博多総合車両所と滋賀県米原町の風洞実験所に置かれている。〈名車〉を惜しむ鉄道ファンの声は根強いが、展示物ではないため見物に訪れる人はいない。しかし、三十五万キロの走り込みの末に得られたデータは、５００系のぞみへと引き継がれ、花を咲かせることになる。

3 500系にフクロウの教え

▼パンタグラフが壁に

フクロウのイラストと、500系のぞみで使われているT字形のパンタグラフ。一見したところ、無関係に見えるこの二つが、「交通科学博物館」（港区）の展示室の一角に飾られている。このパンタグラフの完成の陰には、フクロウの教えがあった。

一九九二年八月に三百五十・四キロの当時国内最高記録を出したJR西日本の試験車両「WIN350」だったが、パンタグラフが風を切る騒音に泣かされ、三百五十キロの営業運転は持ち越しとなった。

しかし、JR東海が開発した300系の導入を、手をこまぬいているわけにはいかなかった。

新たな目標設定を任された高速化担当室長だった岩本謙吾・台湾高速鉄道本部車両部長（五三）は、当時、フランスのTGVしか達成していなかった営業運転三百キロの500系開発に照準を合わせた。

「三百キロなら新大阪—博多間が二時間二十分を切る。空港へのアクセスを考えれば飛行機とも十分勝負できる」

300系の二百七十キロから三十キロのアップ。三百五十キロを達成した岩本らにとっては容易に思えたが、壁になったのはまたしても、パンタグラフの騒音だった。

フクロウのイラストと500系のパンタグラフ。パンタグラフにはフクロウの羽根にあるような突起物があしらわれ騒音問題を解決した（大阪市港区の交通科学博物館で）

実験や研究を重ねて完成した翼形パンタグラフ

当初、３００系に取り付けている風よけの保護カバーを試したが、速度が一割上がれば騒音は一・七、八倍跳ね上がった。岩本は「二百七十キロと三百キロの世界の違いを痛感した」という。

▼騒音解消、自然界に学ぶ

音の出ないパンタグラフとはどんなものか。

約二年の研究でたどりついたのは、架線と接触するスリ板部分を飛行機の尾翼のようにした形だった。正面から見ればＴ字形で、従来のひし形とは大きく変化していた。

しかし、問題はまだあった。風を切る音は空気の流れのなかにできる渦で発生する。渦が大きいほど音も大きくなるため、支柱部分の渦を小さくする必要に迫られた。

様々な実験をするものの、〈暗礁〉に乗り上げたかに思えた時、解決したのはＷＩＮ３５０開発にあたって設置した「空力問題検討委員会」のメンバーで、航空機の設計技術者だった矢島誠一氏の一言だった。

「フクロウは鳥のなかで一番静かに飛ぶよ」

岩本らはフクロウのはく製を天王寺動物園から借りて、風洞実験を繰り返し、ハトやキジのはく製より騒音値は低いことがわかった。さらに、フクロウの十枚の羽根のうち、外側の二、三枚目にとげのようなギザギザがあり、これが小さな渦を作って、大きな渦の発生を防いでいることもわかった。

仲津英治

「これだぁ」

支柱部両側にギザギザを模した小さな突起物六十四個を配置し終え、騒音値が基準値に収まった時、現在でも世界最高速の５００系がようやく〈営業ベース〉にのった。

矢島を同委員会のメンバーに推したのは、岩本の上司でＪＲ西日本系列の三宮ターミナルビル監査役仲津英治（五五）だった。矢島と仲津はともに日本野鳥の会のメンバーで、「開発の過程でいつか自然界の知恵が役立つはずだと思った」と仲津。

仲津はしみじみと言った。

「技術の粋を結集した５００系開発の最後のカギは自然の中にあった。それがうれしいんです」

4 ７００系ひかりレールスター

▼内装充実し付加価値

「これからは付加価値をつけないと勝てないんだよ。ただ速いだけではだめだ」

一九九七年の初夏。ＪＲ西日本本社（北区）八階の会議室。鉄道本部長をトップとした営業、車両、運輸の面々が顔をそろえたフリーミーティングで、当時営業部長だった佐々木隆之・監査役（五四）が熱っぽく語った言葉は、車両部次長だった真野辰哉・吹田工場長（四八）の耳に今も残っている。

佐々木が訴えたのは新車両の開発だった。民営化後、順調に業績を伸ばしていたが、一九九五年一月の阪神大震災を境に、山陽新幹線の新大阪―博多間が航空機とのシェア争いで押され始め、業績は右肩下がりとなっていた。新車両開発の責任者の一人として打開策に一刻の猶予も許されなかった真野が勝負をかけたのが、「７００系ひかりレールスター」だった。

７００系は、３００系を開発したＪＲ東海、５００系を開発したＪＲ西日本の技術をフルに生かし、両社の技術陣は「速さ、乗り心地とも、現在の新幹線方式ではほぼ手を加える必要のない仕上がり」と自賛する。

ＪＲ東海は一九九九年三月、当然のように「のぞみ」として導入した。しかし、真野は「うちは、のぞみは５００系に任せ、７００系をひかりとし

「700系ひかりレールスター」(右)には、500系のぞみ(左)の多くの技術が取り入れられている（2000年3月、山陽新幹線徳山駅で）

て使い、速さの付加価値をつけようと思った」という。

▼営業部主導で開発

フリーミーティングで、議論を引っ張ったのは営業部だった。乗客の価値観の多様化に伴い、車

ひかりレールスターのコンパートメント。家族連れにとっては自分たちだけで会話を楽しめる空間でもある（ＪＲ西日本提供）

真野辰哉・ＪＲ西日本吹田工場長

両は速さに加え、内装の充実が求められた。ニーズをつかむ役目を担う営業部は、社内の〈大蔵省〉の声を抑え、ビジネス以外の利用者の様々な〈要求〉に耐えうるサービスの必要性を訴えた。

その顕著な例が八号車に設けた一室四人のコンパートメント四室。「部屋売りはあたらない」という〈定説〉にあえて挑戦し、木目調の引き戸に、木製テーブルをしつらえたレジャー用としてのコンパートメントは、新幹線では初の試みだった。

ほかに、グリーン車をやめ、指定席を四席にし、パソコン用の電源がついたオフィスシート、車内放送や販売などの音声をシャットアウトしたサイレンスカーなどを実現した。「単一の大きな部屋である飛行機にはない、車両ごとのサービスができる鉄道の強みを生かした、車内環境のグレードアップがレールスターのもう一つの付加価値」と真野は胸を張る。

二〇〇〇年三月のレールスターのデビュー後、山陽新幹線の上半期乗客数は、四期ぶりに増加した。八両編成のレールスターの乗客数は年内に一千万人に達する勢いで、十六両で一年二か月かかったのぞみをはるかにしのぐ集客効果を上げている。真野は言う。

「車両開発は旧国鉄時代から技術者主導だった。しかし今は、営業部の考えをいかにうまく具現化できるかに変わってきている」

5　リニアモーターカー

▼二十一世紀に実用化なるか

定員五十人の車内の後部の座席から約二十メートル先の壁にあるデジタル表示の速度表示盤の数字が、瞬く間に上がっていく。「八十キロ」「百キロ」……。「百六十キロ」になると、飛行機と同じゴム製タイヤが折り畳まれ、地上を走っていたゴツゴツ感が消え、ふわっと浮いた。超電導磁気浮上式鉄道「リニアモーターカー」が、飛行機が水平姿勢に入ったような乗り心地になった。

速度は一秒ごとに五キロずつアップし、「500系」のぞみの世界最高の営業速度三百キロをわずか六十秒でクリア、発車から九十秒後には四百五十キロに達した。秒速百二十五メートル。窓の外を見ると、トンネル内に十二メートル間隔で設置してある照明灯十本の光は、あっという間に、帯となって流れていった。

三十分ほどの乗車だったが、見学室からの目を見張る速さとはうって変わって乗り心地はよく、〈超高速〉で走っているという感覚は全く感じなかった。

二〇〇〇年十月四日、山梨県都留市のリニア実験線（十八・四キロ）での試乗会。同線は一九九七年にJR東海が中心となって建設。同線で三年間の試験走行を終えた今春、国の技術評価委員会によって「実用化に向けた技術上のメドは立った」との評価を受けた。

山梨県の実験線で走行試験を重ねるリニアモーターカー。東京―大阪を1時間で結ぶ日は来るのだろうか（1999年11月16日）

しかし、同線建設後から二年間、同社中央新幹線計画部担当課長だった江尻良広報部次長（四四）は、「線路の上を車輪で走る鉄道の速度は、今の新幹線の三百キロがほぼ限界。リニアはレールと車体との間の磁気を使って走るという、従来の走行方式とは異なる乗り物。すべて未知の技術で課題は多かった」という。

▼〝超磁力〟で五百五十キロ突破

リニア開発は旧国鉄時代の一九六二年にさかのぼる。様々な実験が繰り返され、何度も壁にぶちあたった。中でも山梨の前の宮崎実験線で、ある速度に達すると、車両側に搭載した超電導磁石が、磁力を失って列車が止まる「クエンチ」と呼ばれる現象が起きたことは深刻だった。

磁石の基になっている超電導コイルを、液体ヘリウムで氷点下二百六十九度に保たなければならないが、何らかの理由でコイル内の温度が上がるためで、専門家は「克服は困難。リニア実現は不可能」と口々に悲観的なコメントを並べた。

この現象の解明にあたったのは鶴賀仁史・山梨実験センター所長（五三）だった。熱が出るのは、変動磁場の影響でコイルが変形していたのが原因だったとわかり、実物大の超電導コイルを製作して磁場を与えたところ、三百五十キロの時点で変形の度合いが他の速度域に比べて大きくなったことを突き止めた。

鶴賀はおどけながら、「竹輪の穴にチーズが入ったおつまみ。あれを曲げたら、チーズと竹輪が接触するでしょ。さらにこすれば熱を持つのと同じように、コイルの場合は走行振動で摩擦熱が出た」。

コイルの耐振性を八倍にするなどの対策を取ったところ、山梨ではクエンチは一度も起きなくなったという。言葉にすれば簡単だが、リニアにかかわって十二年の鶴賀がこの研究に要した月日は十年にものぼった。

　ＪＲ東海では二〇〇〇年春から五年間の予定で、リニア実用化へ向けたコストダウンの研究などを進めていくが、須田寛会長（六九）は「一企業では到底無理。公共事業としての価値があるかないかを決めるのは国。我々が言えるのは技術的には可能ということだけ」という。

　電力消費量は新幹線の三倍、飛行機の二分の一。東京―大阪を時速五百五十キロ、一時間で結ぶメリットはあるのか。実用化まではまだまだたくさんの問題がある。国内の高速鉄道の開発は二十一世紀中にリニアで次のステージに入るのかどうか。そう遠くない将来に答えが出るはずだ。

〈リニアモーターカー〉　全国新幹線鉄道整備法に基づいて東京を起点に甲府、名古屋、奈良の各市付近を通り、大阪を終点とする中央新幹線として位置づけられている。
　超電導磁石の開発は一九七〇年から始まった。浮上して走る原理は、レールと車輪、モーターの三役をこなす「ガイドウエイ」のコイルと、車両側に搭載された超電導磁石の磁気による相互作用によっている。ガイドウエイ側壁のコイルに電気を流してＮ極、Ｓ極の磁界を発生させ、Ｎ極とＳ極を交互に配置した車両側の超電導磁石との間で、異極同士の引き合う力と同極同士の反発する力を利用して前進する。理論的には時速一千キロも可能と言われている。

第三章　高速鉄道の未来

1　TGVの挑戦――ピエール・ルイ・ロシェ・仏国鉄インターナショナル会長に聞く

▼欧州諸国へ確実に延伸

新幹線で始まった高速鉄道の開発は、ヨーロッパ、米国へと広がり、二十一世紀には台湾、韓国などアジアにも進出する予定だ。高速鉄道を熟知する国内外五人のエキスパートにその未来、課題を聞いた。

名古屋市内で二〇〇〇年十一月末に開かれた高速鉄道国際会議。時速二百キロ以上出る車両を持つ国の鉄道事業者らが、高速鉄道の明るい未来を力強く語る中、会議をリードした。鋭い眼光に、SL柄のネクタイをしたユーモア。生粋のフランス人がそこにいた。

TGVの戦略

新幹線と並ぶ世界最高速の時速三百キロで走るTGV。ヨーロッパでは、ベルギー、オランダへ

「タリス」という名の列車が走り、「ユーロスター」の名で英仏海峡トンネルを通って英国にも行っている。二つの国際的なＴＧＶは成功している。二〇〇一年六月には、マルセイユまでの営業を開始し、スペインまでつながる予定だ。スイスに毎日列車を走らせる計画もある。最近では、パリから仏の東部に向かう新路線を建設、ドイツの鉄道網と接続することを決定した。

地中海方面へも来年の営業開始を目指して建設中だが、一部で三百二十キロ運転の試験も始める。ヨーロッパ諸国への延伸は、確実に実現している。

飛行機は敵か？

当初は、飛行機はただ競争相手と思っていた。しかし、パリ・ドゴール空港にＴＧＶの駅をつくったことによって、「相互乗り入れ」に注意するようになった。日本ではあまり補完的な関係は注目されていないが、ヨーロッパではすみ分けが進んでいくだろう。

技術系社長

仏にはポリテクニックという理工系のエリート養成機関があり、大企業のトップはこの学校の出身者が多い。理工系の一般的な教育をするので、エンジニアの専門的な勉強をしたければ卒業後に他の学校を受ける。

私は土木専門の学校を出て、仏国鉄の子会社を

「高速鉄道の未来は明るい」力強く語るフランス国鉄インターナショナルのピエール・ルイ・ロシェ会長（2000年11月29日、名古屋市内のホテルで）

渡り歩いた。営業感覚は二十三年間、仏国鉄のインターナショナル部門で仕事をしながら磨いてきた。

高速鉄道の未来

ＴＧＶが競争力を持っているから、欧州では今後も発展していくと思う。レールに車輪がくっついている現在のような形態が二十一世紀も続く。日本を除くアジアでは、例えば、中国が北京―上海間に新幹線を導入しても不思議ではない。モスクワで新線をつくるかもしれない。鉄道に携わる人たちの夢は広がっている。

2

リニアへの期待——須田　寛・JR東海会長に聞く

▼東海道に複数の基幹鉄道を

ＪＲ東海が開発を進める超電導磁気浮上式鉄道・リニアモーターカー。その技術の高さ、環境への配慮を熱っぽく、論理的に解き明かす。しかし、実現には巨額の施設整備が必要で前途は多難だ。「国家的プロジェクトで」の要望をどう具現化していくか。

東海道に新しい基幹鉄道をと、リニアの必要性を強調する須田会長（ＪＲ東海本社で）

リニアの必要性

東京—大阪間のような、世界随一の人口集積があるところの交通手段はバリエーションがあっていい。飛行機も自動車もあるが、二十一世紀にはエネルギー効率が高く、二酸化炭素の排出が直接ない環境にやさしい交通機関が必要——。それらの条件を満たすのはリニアしかない。

もう一つは「リダンダンシー」（災害に対するゆとり）。阪神大震災後に急速に注目された考えで、東海道のどこかであの地震が起きていたら、日本経済に与える影響は神戸の比ではない。そう考えると、東海道に基幹鉄道が一本しかないというのは話にならない。国家的プロジェクトとして推進してほしい。

東京―大阪を一時間で結ぶ意味はあるか

一九六四年に東海道新幹線で東京―大阪が日帰りになって、乗客がそれまでの二倍になった。東京―大阪間に関する限り、リニアで半日行程になれば、今までになかった需要が生まれ、それが国土全体に及ぶ。

シミュレーションでは、リニアが一時間で走るなら、新幹線の乗客三十六万人のうち半分弱がリニアに移ると仮定している。新幹線もより地域に密着し、駅をつくれという沿線の陳情を全部満たすことができる。在来線はさらにきめ細かく。そうすると、新幹線、在来線、リニアで役割分担ができるようになる。

課題

技術的には可能。問題は資金のほか、用地買収、建設上の問題点もある。初期投資が兆単位の事業なので、一企業では無理。リニアの超電導磁石は液体ヘリウムでマイナス二百六十九度に保つ必要があるが、費用が高くつく。マイナス六十度の液体窒素でできれば牛乳を冷やす程度、常温ですれば水で冷やすのと同じで、ランニングコストが安くなる。

すぐには無理だが、将来の技術開発の可能性はある。料金は今の新幹線並みとは言わないが、利用しやすい料金にする。

3　二十一世紀への課題——交通評論家・角本良平氏に聞く

▼速度追求より料金値下げ

運輸省、国鉄職員として東海道新幹線を開業に導いた一人。しかし、環境へのやさしさ、経済性から、二十一世紀の鉄道復権を唱える事業者の予測を「甘い見通し」と一刀両断にする。厳しい言葉の裏には、鉄道はもっと利用客の側に立って運行されるべき、という信念があった。

新幹線の裏面

新幹線が国鉄を破滅させた。東海道新幹線の時は私も含め、収支計画をきちっと立てて、どこから借りても返せるという自信はあったが、東海道開業後、山陽を作ったグループが計算なしに着手した。需要が（東海道の）四割の山陽を同じ運賃にすれば赤字になることは明らか。さらに三割の東北、二割の上越を政治家が作った。当時の政治家が、「新幹線は票になる」と建設をあおり、国鉄を赤字に追い込んだ。

国鉄監査委員の時、このままではダメだと主張したが、「大丈夫」と譲らない当時の国鉄総裁と意見が対立し、一九七〇年に国鉄を辞めた。今も整備新幹線で同じ〈愚〉を繰り返そうとしているが、このままで絶対やるべきではない。

遺言

鉄道の高速化は線路から直さないといけないが、

途中に駅の多い日本では、現在の速度が限界。山陽、東海道も乗客が伸び悩んでいるのに、速度アップに金をつぎ込むべきではない。それより大事なのは料金を安くすること。新大阪—博多は、飛行機に乗客をとられている。JR西日本としては、赤字ローカル線を別会社にするか、だめならやめると。それをはっきりしないと自滅する。

二十一世紀は鉄道の時代とか言われているが、全く違うと思う。エネルギー消費量は少ないため、環境にいいというが、それは乗車率の高い時だけ。いつもそういう状態ではない。確かに、十九、二十世紀は「交通の世紀」だった。しかし、交通は十分役割を果たしたから、これ以上大きなプラスはないし、国民もそう多くを望んでいないと思う。二十一世紀は、いかに維持するかだけだ。

JRは、一九九〇年代半ばまではバブル経済などもあって順調にきた。それは国鉄時代がひどかったから良く思えただけなのに、なかなかそこに気づかない。金のかかるリニアなんてとんでもない。そこに気づくような〈遺言〉をしなくては、と思っている。

「次の世代のことを考えた交通政策を」と語る角本氏（東京都内で）

4
英鉄道の復権――ロデリック・アーサー・スミス・ロンドン大先端鉄道研究所所長に聞く

▼日本の技術を逆輸入

初代新幹線「0系」が二〇〇一年春、英国の国立鉄道博物館に〈殿堂入り〉する。この「日英プロジェクト」の橋渡し役をこなした。妻が日本人でもあり、親日家として通っている。かつて日本が師と仰いだ自国の鉄道は衰退したが、日本の鉄道技術を逆輸入し、復権させたいと意気込んでいる。

「新幹線は高速鉄道の父」と語るスミス所長（2000年11月29日、名古屋市内のホテルで）

新幹線が与えた影響

一九六四年の開業後、多くの外国人評論家は「成功するかな」という疑いの気持ちを持っていた。しかし、この間に大事故はなく、列車本数の頻度も高い。

七三年に初めて乗った時に、雪で大幅に遅れたトラブルに遭った。しかし、その後は何百回と乗車しても全く不都合はなかった。研究所では鉄道に関する技術的戦略を練っているが、自動列車制御装置（ATC）や騒音低減策など、日本の鉄道技術には大変関心がある。

都市間の高速鉄道では、新幹線は「世界の高速鉄道の父」と言える。かつて英国が鉄道の父で、その子どもだった日本が、新しい父になった。世代が変わったんです。

高速鉄道の必要性

西ヨーロッパや日本は、高速鉄道が発展している。残念ながら、英国は貢献できなかった。ただ、化石燃料がどんどん少なくなっており、自動車のコストはどんどん上がってくると思う。そうなれば、鉄道の役割は大きくなるし、特に鉄道が電化されて、水力発電なり、原子力発電なりで走れば、非常にプラスになる。

航空網の発達で空港が混雑して満杯になっており、国内線や短距離の国際線に使えなくなってきている。そうすると、とって代わるのは高速の都市間鉄道ではないかと思う。

日英協力

英国の鉄道は長い衰退期を経験した。過去四十年間、多くの路線を廃線にし、新しい路線を作らなかった。自動車を中心にした交通政策をとってきたため、鉄道はわきに追いやられていた。しかし、最近になって都市間輸送や通勤、通学など多くの点で鉄道の利点にやっと気づき始めた。今、我々の研究にJRスタッフが加わり、日本の技術を注入してくれている。

私の仕事は、日本の技術を英国へ、ヨーロッパへ移転する役割を果たしているかと思う。日英の良好な関係の延長線上に、英国鉄道の復権が実現されるよう頑張りたい。

5

夢をはぐくむ――井手正敬・ＪＲ西日本会長に聞く

▼遺産守り発展させる

一九五九年に国鉄に入り、開業から「夢の超特急」を見続けた。世界最高速の「５００系」開発の先頭に立ち、今後も「スピードの追求は鉄道事業者の使命」と言う。日台間で二〇〇〇年十二月十三日、〈台湾版新幹線〉の契約が成立した。新幹線の世界進出は。活用法は。忌憚《きたん》なく持論を展開した。

「新幹線は日本が世界に誇る発明だ」と力説する井手会長（ＪＲ西日本本社で）

思い出

大学の交通政策のゼミで、交通機関は黎明《れいめい》期、成長期、成熟期、衰退期の四サイクルを経ると習った。国鉄に入ったころ、鉄道が衰退期に入ってるというのは身近に感じていたが、その時に新幹線論議がわき上がった。ＳＬからの鉄道と比較すれば、違うジャンルの交通機関が生まれると思った。

新幹線で鉄道は生き返った。

東海道の開業時は、天王寺駅の旅客課長だった。当時、東京―大阪間には十二両編成の「つばめ」など特急三本が三往復していた。もちろんプラチナペーパー。それが新幹線になって十二両編成（現在十六両編成）が一時間に二本走るという。

当時の旅客課長の立場から言うと、需要があるのかと戸惑ったが、東海道は今では一時間に十一本。新幹線は鉄道サイクル論で言えば第二段階の成長期。だから、まだ百年くらいは続くと思う。

未来

新幹線の使い方はもっと考えるべき。例えば、岡山駅到着後、伯備線（倉敷―伯耆大山）へ乗り換える際、階段をコトコト歩くなど不便。もっと、乗り換えやすい別の仕組みがないのかどうか。車輪幅をレール幅に合わせて変える可変ゲージ車両が一つあるけれども、安全かどうか自信がない。

新幹線は時速二百キロ以上で走らないと困るが、可変ゲージで百二十キロになっても乗り換えがない方がいいのなら話は別。安全が確保できるなら、そうすることで、整備新幹線問題は違ってくると思う。

台湾新幹線の次は中国ということになるだろう。朱鎔基首相はリニアモーターカーにも乗ったが、本音は新幹線だと思う。二〇〇八年、オリンピックの開催地問題で大阪が降りれば、新幹線使ってやるよくらいのことは言うんじゃないかっていう人もいるよね。そんな条件ならやめましょうというプライドは持つべきだ。新幹線はそんなやわじゃない。これだけの遺産は大事に守って、さらに発展させなくてはいけない。


（第Ⅱ部は秦重信が担当した）

あとがき

新幹線のことを考えるといつも思い出す人がいる。初代新幹線「0系」の台車開発に心血を注いだ故・松平精さん。五年前、第Ⅱ部に収めた「新幹線物語」を書くため、取材をさせて頂いた技術者の一人だ。

国鉄の鉄道技術研究所長まで務められたが、技術に対して畏怖の念を抱いていた。「技術を扱う人間が、本気でやらなければ事故は起きる」。そうおっしゃったひと言が、耳朶に残る。取材を終え、玄関で辞去しようとした若輩者を、痛む足を引きずってバス停まで送って下さった。当時、九〇歳。取材から九日後に他界されたが、まさに「技術は人なり」を教えてくれた人だった。

団子鼻の先頭形状を考案した三木忠直さん、安全運行を支える自動列車制御装置（ATC）を世に送り出した河辺一さんも忘れられない。お二人も鬼籍に入られたが、新幹線の礎を作ったこうした技術者たちが第Ⅰ部「Ｎ７００系」の取材へと導いてくれたのだと思う。

ここでは同時進行的に開発過程を追い、現役技術者の苦悩、喜びをほぼリアルタイムで感じ取ることに努めた。東京―新大阪間を五分間短縮するため、完成型と言われた７００系の技術を全面的に見直すという技術者の矜持、こだわりを伝えることが出来れば、幸いである。

一から作り上げた技術も素晴らしいが、それを継承し、発展させることも同じくらい尊いとつくづく思う。東海道新幹線の開業以来、脈々と引き継がれてきた技術者の〈新幹線ＤＮＡ〉が、Ｎ７００系以降も生き続けることを願っている。

最後に、貴重な時間を割き、質問に答えて頂いた田中守・ＪＲ東海車両部担当部長をはじめとする、多くの技術者の方々や取材の労を取っていただいた同社関西支社広報室、ＪＲ西日本広報室に深く感謝申し上げる。

二〇〇五年九月

読売新聞大阪本社科学部記者　秦　重信

列車は緻密にダイヤを守って走るものだ。明治の鉄道開闢《かいびゃく》から百三十年あまり、鉄道マンたちはプライドをかけて絶えることなくダイヤに挑み、「定時運行」を守り続けてきた。

例えば、東海道新幹線の「平均遅延時間」（一年間に運行した列車約十万本の遅れの総合計を運行本数で割った値）は二〇〇三年度、〇・一分（六秒）を達成している。

驚異的である。外国人は鉄道マンであっても、その数字の意味を理解できかねるだろう。

車両、運行システム、保線――。すべての技術の結晶である。「遅れない」。それが日本の鉄道のあるべき姿であり、日本人のアイデンティティーともなった。

そして、過去二十年の間に、「より速く」「より快適に」という命題が新たに加わった。新幹線は、さらに分単位の速達化を求められることになった。不快な揺れ、耳障りな車内の雑音を可能な限り打ち消すことも、絶対的要求となった。

本書を読んでいただくとご理解いただけると思うが、「ミリ」「グラム」単位で新たな技術を編み出す「無理難題」の世界である。しかし、技術者たちは「頭を抱えますよ」「そんなこと言われてもねぇ」と言いながら、「できるわけがありません」とは続けない。

乗り越えるべき課題を語るとき、彼らは実に飄々としている。そして、汗水垂らし、寝る間も惜しんで成し遂げた成果を語る時の表情は嬉々として、晴れやかである。

連載企画を第三部まで終え、重ねた取材を振り返ると、そんな技術者たちの表情に達成感を嗅ぎ取るのが、記者としての一つの楽しみであったと思える。

数々の「不幸」を乗り越えてきたのも鉄道の歴史であるが、「立ち止まることは後退である」、この言葉には心底、共感できる。

二〇〇五年七月二十七日。二百五十キロ超で駆けるＮ７００系先行試作車を見るため、私は東海道新幹線米原駅にいた。一陣の風のように東を目指す十六両。私が作ったわけではないのだが、やはり誇らしかった。

そして、車内にいて悦に浸る人々の、にんまりした笑顔を脳裏に思い描いていた。

二〇〇五年九月

読売新聞大阪本社科学部記者　増田弘治

最速への挑戦
新幹線「N700系」開発

2006年3月15日　初版第1刷発行

著　者　読売新聞大阪本社
発行者　今東成人
発行所　東方出版㈱
〒543-0052 大阪市天王寺区大道1-8-15
Tel. 06(6779)9571　Fax. 06(6779)9573

印刷所　亜細亜印刷㈱

乱丁・落丁はおとりかえいたします。ISBN 4-88591-989-4

車両の編成図

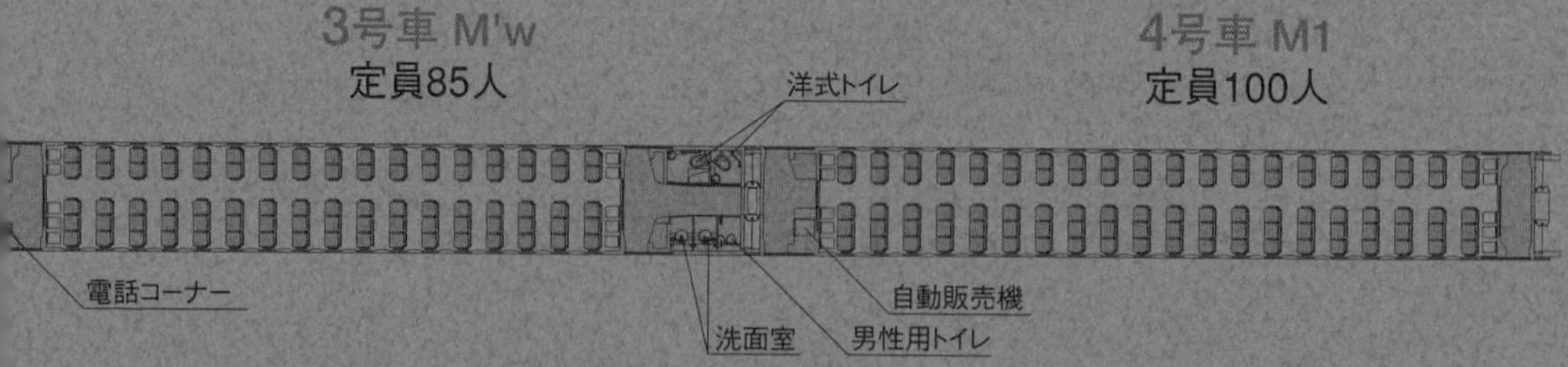
3号車 M'w
定員85人
4号車 M1
定員100人
洋式トイレ
電話コーナー
自動販売機
洗面室
男性用トイレ

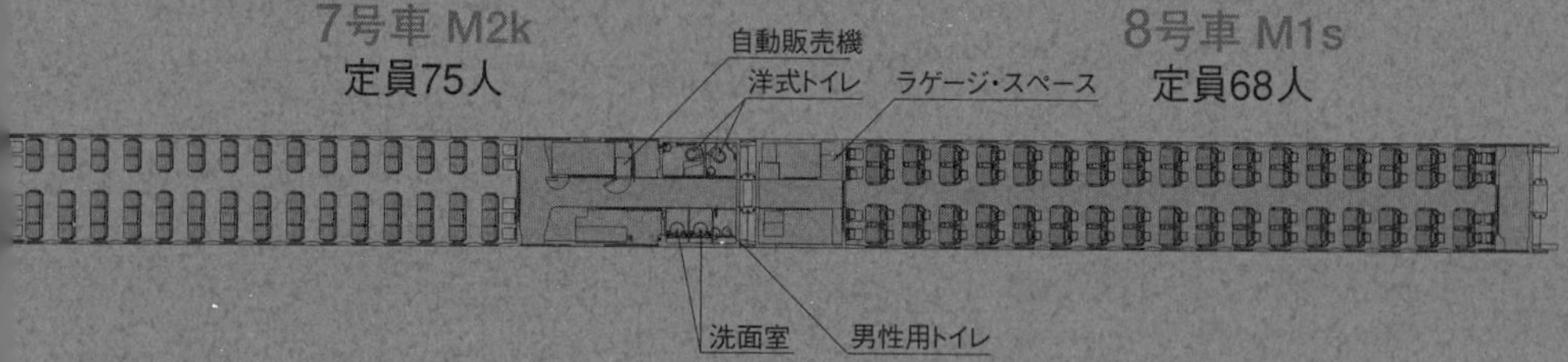
7号車 M2k
定員75人
8号車 M1s
定員68人
自動販売機
洋式トイレ
ラゲージ・スペース
洗面室
男性用トイレ

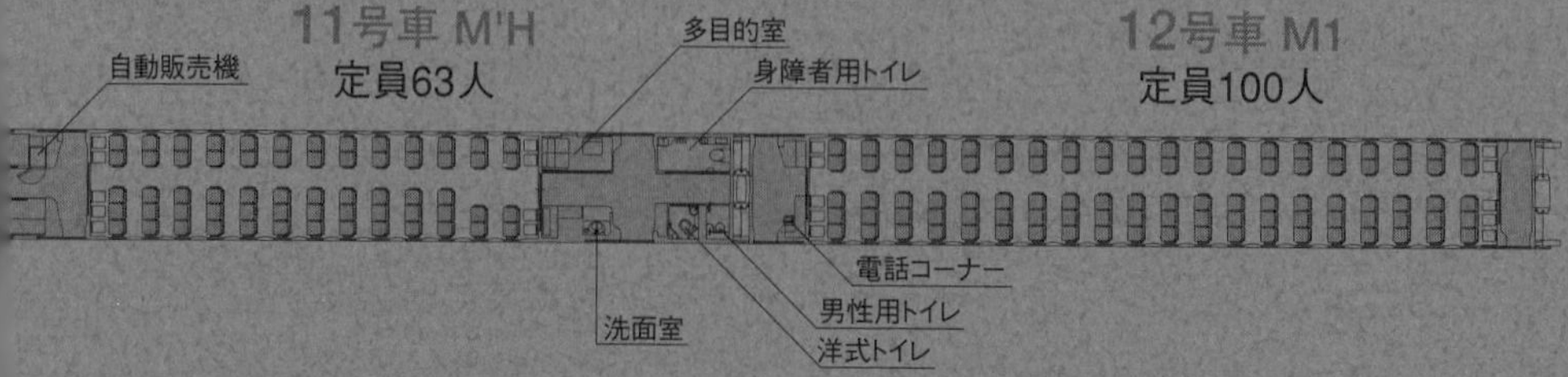
11号車 M'H
定員63人
12号車 M1
定員100人
自動販売機
多目的室
身障者用トイレ
電話コーナー
洗面室
男性用トイレ
洋式トイレ

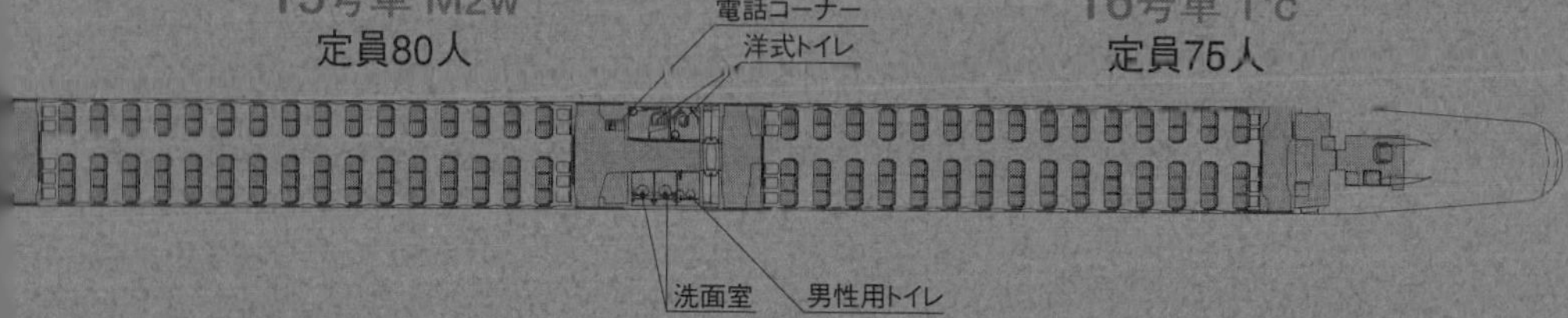
15号車 M2w
定員80人
16号車 T'c
定員75人
電話コーナー
洋式トイレ
洗面室
男性用トイレ